essentials

essentials liefern aktuelles Wissen in konzentrierter Form. Die Essenz dessen, worauf es als „State-of-the-Art" in der gegenwärtigen Fachdiskussion oder in der Praxis ankommt. *essentials* informieren schnell, unkompliziert und verständlich

- als Einführung in ein aktuelles Thema aus Ihrem Fachgebiet
- als Einstieg in ein für Sie noch unbekanntes Themenfeld
- als Einblick, um zum Thema mitreden zu können

Die Bücher in elektronischer und gedruckter Form bringen das Expertenwissen von Springer-Fachautoren kompakt zur Darstellung. Sie sind besonders für die Nutzung als eBook auf Tablet-PCs, eBook-Readern und Smartphones geeignet. *essentials:* Wissensbausteine aus den Wirtschafts-, Sozial- und Geisteswissenschaften, aus Technik und Naturwissenschaften sowie aus Medizin, Psychologie und Gesundheitsberufen. Von renommierten Autoren aller Springer-Verlagsmarken.

Weitere Bände in dieser Reihe http://www.springer.com/series/13088

Hermann Sicius

Nickelgruppe: Elemente der zehnten Nebengruppe

Eine Reise durch das Periodensystem

Dr. Hermann Sicius
Dormagen, Deutschland

ISSN 2197-6708 ISSN 2197-6716 (electronic)
essentials
ISBN 978-3-658-16807-0 ISBN 978-3-658-16808-7 (eBook)
DOI 10.1007/978-3-658-16808-7

Die Deutsche Nationalbibliothek verzeichnet diese Publikation in der Deutschen Nationalbibliografie; detaillierte bibliografische Daten sind im Internet über http://dnb.d-nb.de abrufbar.

Springer Spektrum
© Springer Fachmedien Wiesbaden GmbH 2017
Das Werk einschließlich aller seiner Teile ist urheberrechtlich geschützt. Jede Verwertung, die nicht ausdrücklich vom Urheberrechtsgesetz zugelassen ist, bedarf der vorherigen Zustimmung des Verlags. Das gilt insbesondere für Vervielfältigungen, Bearbeitungen, Übersetzungen, Mikroverfilmungen und die Einspeicherung und Verarbeitung in elektronischen Systemen.
Die Wiedergabe von Gebrauchsnamen, Handelsnamen, Warenbezeichnungen usw. in diesem Werk berechtigt auch ohne besondere Kennzeichnung nicht zu der Annahme, dass solche Namen im Sinne der Warenzeichen- und Markenschutz-Gesetzgebung als frei zu betrachten wären und daher von jedermann benutzt werden dürften.
Der Verlag, die Autoren und die Herausgeber gehen davon aus, dass die Angaben und Informationen in diesem Werk zum Zeitpunkt der Veröffentlichung vollständig und korrekt sind. Weder der Verlag noch die Autoren oder die Herausgeber übernehmen, ausdrücklich oder implizit, Gewähr für den Inhalt des Werkes, etwaige Fehler oder Äußerungen. Der Verlag bleibt im Hinblick auf geografische Zuordnungen und Gebietsbezeichnungen in veröffentlichten Karten und Institutionsadressen neutral.

Gedruckt auf säurefreiem und chlorfrei gebleichtem Papier

Springer Spektrum ist Teil von Springer Nature
Die eingetragene Gesellschaft ist Springer Fachmedien Wiesbaden GmbH
Die Anschrift der Gesellschaft ist: Abraham-Lincoln-Str. 46, 65189 Wiesbaden, Germany

Dieses Buch ist gewidmet:
Susanne Petra Sicius-Hahn
Fabian Philipp Hahn
Elisa Johanna Hahn

Was Sie in diesem *essential* finden können

- Eine umfassende Beschreibung von Herstellung, Eigenschaften und Verbindungen der Elemente der zehnten Nebengruppe
- Aktuelle und zukünftige Anwendungen
- Ausführliche Charakterisierung der einzelnen Elemente

Inhaltsverzeichnis

Einleitung 1

Willkommen bei den Elementen der zehnten Nebengruppe (Nickel, Palladium, Platin, und Darmstadtium), deren physikalischen und chemischen Eigenschaften relativ ähnlich sind. Auch beim Elementenpaar Palladium und Platin ist die Auswirkung der Lanthanoidenkontraktion noch deutlich feststellbar. Die jeweiligen physikalischen Eigenschaften dieser zwei Elemente unterscheiden sich jedoch schon merklich, nicht aber die chemischen. Die Eigenschaften des Nickels dagegen weichen von denen der zwei „edlen" Platinmetalle Palladium und Platin sichtbar ab, so zeigt Nickel ein negatives Normalpotenzial sowie niedrigere Dichten, Schmelz- und Siedepunkte. Die Elemente dieser Gruppe könnten theoretisch maximal zehn äußere Valenzelektronen (je zwei s- und acht d-Elektronen) abgeben, um eine stabile Elektronenkonfiguration zu erreichen. Bei Nickel ist jedoch die Oxidationsstufe $+2$ die stabilste, bei Palladium und Platin findet man gleichermaßen $+2$ und $+4$. Die Reaktionsneigung dieser zwei Metalle ist gering, aber merklich größer als bei Rhodium und Iridium. Für das höchste Element dieser Nebengruppe, das Darmstadtium, wurden noch so gut wie keine chemischen Untersuchungen durchgeführt. Es ist zu erwarten, dass es sich chemisch ähnlich wie Platin verhält.

Die Entdeckung des Nickels erfolgte 1751 und die des Palladiums 1803. Platin kannte man als Legierungsbestandteil schon im alten Ägypten, aber rein dargestellt wurde es ebenfalls erst Ende des 18. Jahrhunderts. Die erstmalige Darstellung von Atomen des Darmstadtiums gelang 1994. Sie finden alle Elemente im Periodensystem in Gruppe N 10.

Elemente werden eingeteilt in Metalle (z. B. Natrium, Calcium, Eisen, Zink), Halbmetalle wie Arsen, Selen, Tellur sowie Nichtmetalle wie beispielsweise Sauerstoff, Chlor, Jod oder Neon. Die meisten Elemente können sich untereinander

© Springer Fachmedien Wiesbaden GmbH 2017
H. Sicius, *Nickelgruppe: Elemente der zehnten Nebengruppe,*
essentials, DOI 10.1007/978-3-658-16808-7_1 1

verbinden und bilden chemische Verbindungen; so wird z. B. aus Natrium und Chlor die chemische Verbindung Natriumchlorid, also Kochsalz.

Einschließlich der natürlich vorkommenden sowie der bis in die jüngste Zeit hinein künstlich erzeugten Elemente nimmt das aktuelle Periodensystem der Elemente (Abb. 1.1) bis zu 118 Elemente auf, von denen zurzeit noch vier Positionen unbesetzt sind.

Die Einzeldarstellungen der insgesamt vier Vertreter der Gruppe der Elemente der zehnten Nebengruppe enthalten dabei alle wichtigen Informationen über das jeweilige Element, sodass ich hier nur eine sehr kurze Einleitung vorangestellt habe.

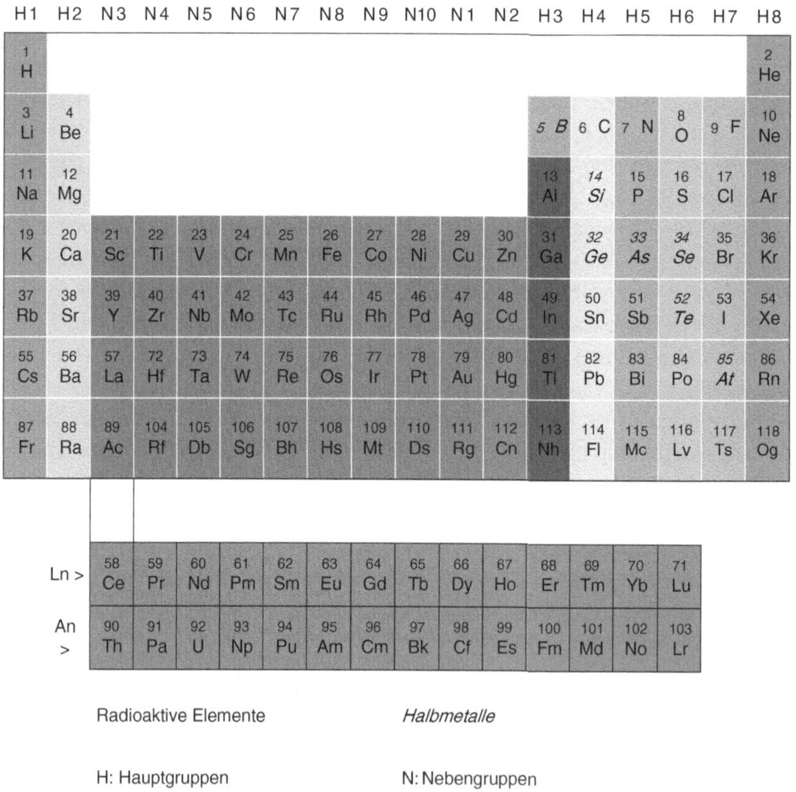

H1	H2	N3	N4	N5	N6	N7	N8	N9	N10	N1	N2	H3	H4	H5	H6	H7	H8
1 H																	2 He
3 Li	4 Be											5 *B*	6 C	7 N	8 O	9 F	10 Ne
11 Na	12 Mg											13 Al	14 *Si*	15 P	16 S	17 Cl	18 Ar
19 K	20 Ca	21 Sc	22 Ti	23 V	24 Cr	25 Mn	26 Fe	27 Co	28 Ni	29 Cu	30 Zn	31 Ga	32 *Ge*	33 *As*	34 *Se*	35 Br	36 Kr
37 Rb	38 Sr	39 Y	40 Zr	41 Nb	42 Mo	43 Tc	44 Ru	45 Rh	46 Pd	47 Ag	48 Cd	49 In	50 Sn	51 Sb	52 *Te*	53 I	54 Xe
55 Cs	56 Ba	57 La	72 Hf	73 Ta	74 W	75 Re	76 Os	77 Ir	78 Pt	79 Au	80 Hg	81 Tl	82 Pb	83 Bi	84 Po	85 *At*	86 Rn
87 Fr	88 Ra	89 Ac	104 Rf	105 Db	106 Sg	107 Bh	108 Hs	109 Mt	110 Ds	111 Rg	112 Cn	113 Nh	114 Fl	115 Mc	116 Lv	117 Ts	118 Og

Ln >	58 Ce	59 Pr	60 Nd	61 Pm	62 Sm	63 Eu	64 Gd	65 Tb	66 Dy	67 Ho	68 Er	69 Tm	70 Yb	71 Lu
An >	90 Th	91 Pa	92 U	93 Np	94 Pu	95 Am	96 Cm	97 Bk	98 Cf	99 Es	100 Fm	101 Md	102 No	103 Lr

Radioaktive Elemente   *Halbmetalle*

H: Hauptgruppen   N: Nebengruppen

Abb. 1.1 Periodensystem der Elemente

Nickel ist im Unterschied zum sehr häufig vorkommenden, übernächsten Nachbarn im Periodensystem, Eisen (47.000 ppm der Erdhülle!) mit einer Konzentration von gerade einmal 150 ppm ziemlich selten, wenngleich es auch viermal häufiger als Cobalt vorkommt. Palladium und Platin sind aber mit Anteilen an der Erdkruste von 0,011 bzw. 0,005 ppm (!) sehr selten. Darmstadtium ist nur durch künstliche Kernreaktionen und auch dann nur in Mengen weniger Atome zugänglich.

© Springer Fachmedien Wiesbaden GmbH 2017

H. Sicius, *Nickelgruppe: Elemente der zehnten Nebengruppe,*

essentials, DOI 10.1007/978-3-658-16808-7_2

Herstellung

Nickel wird durch Rösten von Nickelsulfid und anschließender Reduktion des dabei entstehenden Nickel-II-oxids mit Kohle erzeugt. Palladium und Platin müssen erst aufwendig von unedlen Begleit- sowie anderen Platinmetallen abgetrennt werden, wobei sie unter anderem in Königswasser gelöst und aus den dabei entstehenden Chlorokomplexe überführt werden. Palladium wird dabei noch selektiv von den anderen Metallen mittels Flüssig-flüssig-Extraktion separiert. Die Edelmetalle sind, einmal in Form ihrer reinen Verbindungen isoliert, dann relativ einfach durch Reduktion erhältlich.

© Springer Fachmedien Wiesbaden GmbH 2017
H. Sicius, *Nickelgruppe: Elemente der zehnten Nebengruppe,*
essentials, DOI 10.1007/978-3-658-16808-7_3

Eigenschaften

4.1 Physikalische Eigenschaften

Die physikalischen Eigenschaften sind auch in dieser Gruppe mit nur wenigen Ausnahmen regelmäßig nach steigender Atommasse abgestuft. In Analogie zu den Nachbarelementen der neunten (nicht der ersten!) Nebengruppe nehmen vom Nickel zum Platin Dichte, Schmelzpunkte und -wärmen sowie Siedepunkte und Verdampfungswärmen zu, die chemische Reaktionsfähigkeit geht dagegen deutlich zurück. Auch hier tritt kein Effekt der Schrägbeziehung auf, also leitet Nickel hinsichtlich seiner Eigenschaften nicht zum Silber über.

4.2 Chemische Eigenschaften

Die Elemente der Nickelgruppe sind teils reaktionsfähig (Nickel), wogegen Palladium und Platin wesentlich edler sind, auch wenn einige andere Metalle wie Iridium noch wesentlich widerstandsfähiger sind. Palladium und Platin gehören zur insgesamt sechs Elemente umfassenden Gruppe der Platinmetalle und sind an der Luft stabil. In den meisten Säuren sind sie unlöslich. Sie reagieren meist nur unter Anwendung drastischer Methoden, auch mit reaktiven Nichtmetallen (Halogene, Sauerstoff) reagieren sie erst bei hoher Temperatur.

© Springer Fachmedien Wiesbaden GmbH 2017
H. Sicius, *Nickelgruppe: Elemente der zehnten Nebengruppe,*
essentials, DOI 10.1007/978-3-658-16808-7_4

Einzeldarstellungen

Im folgenden Teil sind die Elemente der Nickelgruppe (10. Nebengruppe) jeweils einzeln mit ihren wichtigen Eigenschaften, Herstellungsverfahren und Anwendungen beschrieben.

5.1 Nickel

Symbol:	Ni		
Ordnungszahl:	28		
CAS-Nr.:	7440-02-0		
Aussehen:	Silbrig metallisch glänzend	Nickel, Kugeln (Rausch 2010)	Nickel, Pulver (Sicius 2016)
Entdecker, Jahr	Cronstedt (Schweden,1751)		
Wichtige Isotope [natürliches Vorkommen (%)]	Halbwertszeit (a)	Zerfallsart, -produkt	
$^{58}_{28}$Ni (68,08)	Stabil	-----	
$^{60}_{28}$Ni (26,23)	Stabil	-----	
$^{61}_{28}$Ni (1,14)	Stabil	-----	
$^{62}_{28}$Ni (3,63)	Stabil	-----	
Massenanteil in der Erdhülle (ppm):	150		
Atommasse (u):	58,6934		
Elektronegativität (Pauling ♦ Allred&Rochow ♦ Mulliken)	1,91 ♦ K. A. ♦ K. A.		
Normalpotential: $Ni^{2+} + 2\,e^- > Ni$ (V)	-0,257		
Atomradius (berechnet) (pm):	135 (149)		
Van der Waals-Radius (pm):	163		
Kovalenter Radius (pm):	124 (low spin)		

© Springer Fachmedien Wiesbaden GmbH 2017
H. Sicius, *Nickelgruppe: Elemente der zehnten Nebengruppe,*
essentials, DOI 10.1007/978-3-658-16808-7_5

Ionenradius (Co^{2+}, pm)	77
Elektronenkonfiguration:	[Ar] 3d^8 4s^2
Ionisierungsenergie (kJ / mol), erste ♦ zweite ♦ dritte ♦ vierte:	737 ♦ 1753♦ 3359 ♦ 5300
Magnetische Volumensuszeptibilität:	-----
Magnetismus:	Ferromagnetisch
Kristallsystem:	Kubisch-flächenzentriert
Elektrische Leitfähigkeit([A / (V * m)], bei 300 K):	1,39 * 10^7
Elastizitäts- ♦ Kompressions- ♦ Schermodul (GPa):	200 ♦ 180 ♦ 76
Vickers-Härte ♦ Brinell-Härte (MPa):	638 ♦ 667-1600
Mohs-Härte	4,0
Schallgeschwindigkeit (longitudinal, m/s, bei 293,15 K):	4970
Dichte (g / cm^3,bei 293,15 K)	8,91
Molares Volumen (m^3/ mol, im festen Zustand):	6,59 · 10^{-6}
Wärmeleitfähigkeit [W / (m* K)]:	91
Spezifische Wärme [J / (mol* K)]:	26,07
Schmelzpunkt (°C ♦ K):	1455 ♦ 1728
Schmelzwärme (kJ / mol)	17,7
Siedepunkt (°C ♦ K):	2730 ♦ 3003
Verdampfungswärme (kJ / mol):	379

Geschichte

Der Schwede Cronstedt stellte Nickel erstmals 1751 in reinem Zustand dar und nannte das Metall Nickel. Das zugrunde liegende Erz, Rotnickelkies, lieferte bei der Verhüttung kein Kupfer und war daher nach Ansicht der damaligen Bergleute verhext; dies ist eine zu Cobalt ähnliche Namensgebung.

Vorkommen

Gediegenes Nickel findet man wegen seines unedlen Charakters nur vereinzelt, aber es ist ein von der International Mineralogical Association (IMA) anerkanntes Mineral. Das Element ist häufiger als Cobalt in der Erdhülle vertreten, beide sind darin aber wesentlich seltener als Eisen. Dagegen weisen geochemische Fakten darauf hin, dass sich Nickel im Erdkern befindet, wo es mit einem Massenanteil von 5,2% (!) unter anderem mit Eisen legiert vorkommt (McDonough 2014).

In der Vergangenheit deckten meist sulfidische Erze, wie der zu einem Drittel aus Nickel bestehende Pentlandit oder Nickelmagnetkies, den Rohstoffbedarf zur Gewinnung von Nickel ab. Dazu kamen einige Mineralien mit hohem Nickelgehalt, beispielsweise Millerit. Zunehmend werden wegen der fortschreitenden Ausbeutung der sulfidischen Erze aber die lateritischen Vorkommen, oft Garnierit, wichtiger (Mudd 2009). Diese werden nach einem völlig anderen Verfahren abgebaut, durch Auslaugen mit heißer Säure unter Druck, wogegen die sulfidischen Erze zu den Oxiden geröstet werden (Guo et al. 2011).

Weltweit kennt man aktuell ca. 200 Minerale des Elements. Die bedeutendsten Vorkommen, in denen Nickel meist mit Cobalt vergesellschaftet ist, liegen in Kanada (westliches Ontario), Neukaledonien, direkt gegenüber in Queensland (Australien), Russland (Norilsk und Nikeltau [Halbinsel Kola]) sowie Kuba.

Die Reserven an abbauwürdigen Nickelvorkommen schätzt man heute auf 70 bis 170 Mio. t. Zurzeit fördert man pro Jahr weltweit deutlich mehr als eine Mio. t. In den vergangenen Jahren schwankte der Preis für Nickel zeitweilig stark, da sich einige der großen Vorkommen des Elements in Ländern mit unsicherer politischer Situation befinden.

Gerade bezüglich der in Nordsibirien lagernden Vorkommen von Nickeln, aber auch vielen Bunt- und Edelmetallen unternimmt die russische Regierung große Anstrengungen, im Permafrostgebiet riesige Bergbauflächen zu betreiben und dort Großstädte wie Norilsk anzusiedeln. Dort leben rund 170.000 Menschen unter hoher Belastung der Umwelt und auch sonst sehr harten Bedingungen (s. Abb. 5.1; Jahresdurchschnittstemperatur −10 °C mit einem von September bis Mai dauernden Winter, auf mit Schwermetallen kontaminiertem Erdreich, verschmutzter Luft und Gewässer, schlechtem Zustand der Wohngebäude). Wären dort Auflagen zu erfüllen, wie sie innerhalb der Europäischen Union und vor allem in Deutschland gelten, läge der Preis für Nickel vermutlich wesentlich höher.

Abb. 5.1 Leben und Arbeiten in Norilsk. (McGuire und Chernyshova 2016)

Gewinnung

Zunächst flotiert man das Ausgangsmaterial, Nickelmagnetkies, und reichert es so auf einen Gehalt an Nickel von mindestens 5% an. Anschließend entfernt man Eisen, das die Hauptverunreinigung ausmacht, wobei man das Erz zuerst vorröstet. Dabei wird Eisensulfid teilweise zu Eisen-III-oxid umgesetzt, worauf Sand und Koks zugegeben werden, um Eisen in Form seiner Silikatschlacke zu binden. Andererseits entsteht bei diesem Prozess der bei den herrschenden Bedingungen flüssige, spezifisch schwerere Rohstein aus Nickel-, Kupfer und Eisensulfid, der von der Schlacke abgestochen und in einen Konverter gefüllt wird.

Zugabe von Siliciumdioxid und gleichzeitiges Einblasen von Sauerstoff überführt restliches Eisen in Eisenschlacke, die abgetrennt wird. Den verbleibenden Feinstein schmilzt man mit *Natriumsulfid (Na$_2$S)*. Nur Kupfer bildet zusammen mit Natrium ein niedrig schmelzendes Doppelsulfid, das von Nickelsulfid separiert wird. Jenes röstet man zu Nickeloxid (unter Freisetzung von Schwefel-IV-oxid), das man dann mit Koks zu Nickel reduziert.

Das so gewonnene Nickel ist aber für die meisten Anwendungen noch nicht rein genug. Das Metall muss zu diesem Zweck elektrolytisch raffiniert werden. Die Elektrolysezelle enthält eine wässrige Lösung eines Nickelsalzes, die Kathode ist ein Blech aus reinem Nickel und die Anode eines aus Rohnickel. Im Lauf der Elektrolyse geht die Anode in Lösung, und reines Nickel schlägt sich auf der Kathode nieder. Edlere Metalle gehen nicht in Lösung und scheiden sich als Schlamm unter der Anode ab. Dieser stellt eine wichtige Quelle zur Produktion auch von Edelmetallen dar (zum Beispiel Gold oder Platin). Das so hergestellte Elektrolytnickel besitzt eine Reinheit von etwa 99,9%.

Eine noch höhere Reinheit liefert das Mond-Verfahren, das auf der Bildung und der darauf folgenden Zersetzung von Nickeltetracarbonyl [Ni(CO)$_4$] beruht. Dazu leitet man Kohlenmonoxid über Rohnickelpulver, das auf eine Temperatur von 80 °C erhitzt wird. Unter diesen Bedingungen bildet sich gasförmiges – allerdings auch extrem toxisches – Nickeltetracarbonyl. Dieses leitet man durch ein Staubfilter und dann in eine auf 180 °C erhitzte Kammer. In dieser zersetzt sich das Nickeltetracarbonyl an kleinen Nickelkugeln zu Reinstnickel und Kohlenmonoxid, das wieder in den Prozess zurückgeführt wird.

Eigenschaften

Physikalische Eigenschaften: Das silberglänzende Metall weist eine Dichte von 8,91 g/cm^3 auf und ist daher ein Schwermetall. Nickel ist schmied- und dehnbar, darüber hinaus mit einer Curie-Temperatur von 354 °C ferromagnetisch (Zhu et al. 2007). Es kristallisiert kubisch-flächenzentriert, wobei diese Struktur auch bei hohen Drücken bis ca. 70 GPa beibehalten wird.

Es existiert zwar auch eine kubisch-raumzentrierte Struktur, diese ist aber metastabil und nur auf bestimmten Substraten wie Eisen oder Galliumarsenid für kurze Zeit haltbar. Sie ist ebenfalls ferromagnetisch, allerdings mit einer Curie-Temperatur von „nur" 183 °C (Brookes et al. 1992).

Kalt verfestigtes Nickel ist kaum dehnbar, besitzt aber eine enorme Zugfestigkeit. Weißgeglühtes Nickel ist bis auf fast das Eineinhalbfache seiner Länge dehnbar, verfügt aber immer noch über eine relativ hohe Zugfestigkeit mit etwa der Hälfte des Wertes, den das kalt verfestigte Metall erreicht.

Das Isotop $^{62}_{28}$Ni ist mit 28 Protonen ein magischer Kern, ist mengenmäßig im Universum relativ stark vertreten, hat einen kleinen Einfangsquerschnitt für Neutronen und hat zudem die höchste Bindungsenergie je Nukleon aller Elementisotope (Fewell 1995).

Chemische Eigenschaften: Bei Raumtemperatur ist Nickel gegen den Angriff durch Luft, Wasser, Salzsäure und Laugen sehr stabil, und es wird auch durch verdünnte Säuren kaum angegriffen. Konzentrierte, oxidierende Säuren (Salpetersäure) bewirken eine Passivierung, wogegen verdünnte Säure das Metall etwas angreift. Die beständigste Oxidationsstufe ist $+2$, allerdings sind alle im Bereich von -1 bis $+4$ möglich.

Verbindungen

Verbindungen mit Chalkogenen: Nickel-II-oxid (NiO) kommt in der Natur in Form des Minerals Bunsenit vor. Es ist durch starkes Erhitzen von Nickel-II-nitrat [$Ni(NO_3)_2$] oder Nickel-II-carbonat ($NiCO_3$) zugänglich, alternativ liefert natürlich auch das Verbrennen metallischen Nickels das gewünschte Produkt. Die schwach basisch reagierende Verbindung schmilzt bei einer Temperatur von 1984 °C, besitzt die Dichte 6,72 g/cm^3, ist antiferromagnetisch und weist eine Kristallstruktur ähnlich der von Natriumchlorid auf. Während Nickel-II-oxid in reinstem Zustand hellgelb ist, führen höherer Gehalte an Sauerstoff zu einer grünlichen und geringe Mengen an Ni^{3+}-Ionen zu einer dunklen Farbe. Je niedriger die Temperatur ist, bei der Nickel-II-oxid erzeugt wurde, desto löslicher ist es in der Regel in Säuren und Basen (Brauer 1981, S. 1689).

Man verwendet Nickel-II-oxid als Anode in Brennstoffzellen), ferner zur Produktion von Emaille, Keramikartikeln und Gläsern. Gelegentlich setzt man es als Katalysator für die Hydrierung organischer Verbindungen ein. Nickel-II-oxid ist eine Zwischenstufe zur Erzeugung reinen Nickels durch Überleiten von Kohlenmonoxid. Es ist als krebserzeugend eingestuft.

Nickel-III-oxid (Ni$_2$O$_3$) bildet grüne Kristalle, die sich ab einer Temperatur von 600 °C zu Nickel-II-oxid und Sauerstoff zersetzen. Man gewann es durch Abscheidung aus der Gasphase auf kalten Oberflächen (Kang und Rhee 2001).

Die Verbindung ist ein starkes Oxidationsmittel und oxidiert beispielsweise Chlorwasserstoff zu Chlor (Holleman et al. 2007, S. 1715). Man setzt schwarzes, also mit Ni_2O_3 angereichertes, Nickeloxid in ähnlichen Anwendungen ein, wie sie bereits oben für Nickel-II-oxid beschrieben wurden. Auch Nickel-III-oxid ist krebserzeugend.

Nickel-IV-oxid (NiO$_2$ · nH$_2$O) erzeugt man durch Oxidation von Nickel-II-hydroxid mit Persulfat in wässriger Phase. Die Verbindung wirkt stark oxidierend, zersetzt sich beim Erhitzen zu Nickel-II-oxid und Sauerstoff und kristallisiert in einer verzerrten Cadmiumiodid-Schichtstruktur (Tarascon et al. 1999).

Mit Nickel-IV-oxid oxidiert man Alkohole zu Carbonsäuren und aliphatische Hydrazone zu Diazoalkanen.

Nickel-II-sulfid (NiS) tritt in Form dreier, auf jeweils unterschiedlichem Weg zugänglicher Modifikationen auf und kommt auch in der Natur als Mineral Millerit vor. Die bei Raumtemperatur stabilste Modifikation, γ-Nickel-II-sulfid, stellt man durch Einleiten von *Schwefelwasserstoff (H$_2$S)* in eine wässrige Lösung von Nickelsulfat her.

$$NiSO_4 \cdot 7\,H_2O + H_2S \rightarrow NiS + H_2SO_4 + 7\,H_2O$$

Es ist ein schwarzes, trigonal kristallisierendes Pulver der Dichte 5,66 g/cm^3, das sich nur schwer in verdünnter Salzsäure löst.

Beim Erhitzen auf eine Temperatur von 396 °C wandelt sich γ- in das bei 797 °C schmelzende β-Nickel-II-sulfid um. Dieses ist ebenfalls ein schwarzes, hexagonal kristallisierendes Pulver, das aber in heißer Salzsäure löslich ist und durch Überleiten von Schwefeldampf über Nickelpulver bei Temperaturen um 900 °C erhalten werden kann (Brauer 1981, S. 1693). α-Nickel-II-sulfid schließlich erzeugt man beispielsweise durch Einleiten von H$_2$S in eine wässrige, ammoniumchloridhaltige Lösung von Nickel-II-chlorid unter Luftausschluss. Es ist ein amorphes schwarzes Pulver, das in Salzsäure löslich ist und an der Luft leicht oxidiert. Ein Gemisch mehrerer Modifikationen fällt beim Einleiten von H$_2$S in ammoniakalische Lösungen von Nickel-II-salzen aus und dient zur Separation von Nickel und einigen anderen Schwermetallen im Kationentrennungsgang.

Trinickeldisulfid (Ni$_3$S$_2$) kommt in der Natur in Form des Minerals Heazlewoodit vor. Es kann synthetisch durch teilweise Reaktion von Nickel-II-sulfid mit Sauerstoff (Rao 1985) oder durch Umsetzung von Nickel mit Schwefeldioxid erhalten werden (Kutz 2016). Der graue, unbrennbare und wasserunlösliche Feststoff besitzt eine Dichte von 5,87 g/cm^3 und schmilzt bei einer Temperatur von 787 °C. Beim Erhitzen durchläuft die Verbindung bei 556 °C eine Umwandlung von trigonaler zu kubischer Struktur (Schröcke und Weiner 1981; Blachnik 1998), bevor sie sich beim Schmelzen zersetzt.

Nickeldisulfid (NiS$_2$) ist durch Umsetzung von Nickel-II-sulfid mit Schwefel bei Temperaturen um 450 °C darstellbar (Brauer 1981, S. 1694), tritt aber auch in der Natur, in Form des Minerals Vaesit, auf. Der antiferromagnetische, geruchlose Feststoff kristallisiert im Pyrit-Gitter, schmilzt bei 1007 °C und hat die Dichte 4,45 g/cm^3. In Wasser ist Nickeldisulfid unlöslich, dagegen wohl in Salpetersäure, allerdings dann unter Zersetzung. An der Luft oxidiert es langsam und setzt Schwefeldioxid frei.

Nickel-II-selenid (NiSe) ist möglicherweise nur eines von mehreren Nickelseleniden unterschiedlicher Kristallstruktur, da es eine Phasenbreite von NiSe bis zu Ni_3Se_4 zeigt. Gesichert ist die Existenz der Schwefelanaloga Ni_3Se_2 und $NiSe_2$ auf synthetischem Weg (Meyer 2013; Agarwala und Sinha 1957). Die einfachste Methode, Nickelselenid darzustellen, besteht im Einleiten von *Selenwasserstoff (H$_2$Se)* in eine Natriumacetat enthaltende Nickelsalzlösung (Moser und Atynski 1925), wobei die Verbindung als amorphes α-Nickelselenid ausfällt. Die Fällung mit Ammoniumselenid unter Luftabschluss, also im alkalischen Milieu, ergibt ebenfalls α-NiSe, dagegen die mit H$_2$Se in essigsaurer Nickelacetatlösung hexagonales β-NiSe und die mit H$_2$Se in schwefelsaurer Nickelsulfatlösung das nur bei Temperaturen bis 32 °C beständige, rhomboedrisch kristallisierende γ-Nickelselenid.

Für die Halbleiterindustrie wichtig ist die Herstellbarkeit dünner Schichten durch Überleiten gasförmigen Selens über glühendes Nickel. Schließlich sind NiSe und $NiSe_2$ auch durch Umsetzung von Selen-IV-chlorid ($SeCl_4$) mit Nickel-II-chloridhexahydrat bei Gegenwart sowohl eines Tensids als auch eines Reduktionsmittels herstellbar (Sobhani und Salavati-Niasari 2014).

In der Natur wurden diverse Nickelselenide schon vor Jahrzehnten nachgewiesen (Vuorelainen et al. 1964). So erscheint β-Nickelselenid (NiSe) dort in Form des Minerals Sederholmit und die γ-Form als Mäkinenit. Dagegen stellen Wilkmanit bzw. Trüstedtit Ni_3Se_4 monokliner bzw. kubischer Struktur dar. Kullerudit wiederum ist orthorhombisch kristallisierendes *Nickeldiselenid (NiSe$_2$)*.

Nickel-II-selenid (NiSe) ist ein grauer, geruchloser Feststoff der hohen Dichte 8,46 g/cm^3. Die Verbindung ist nahezu unlöslich in Wasser, ebenso nicht in verdünnten Mineralsäuren und alkalischen Medien. Nur mit konzentrierter Salzsäure gelingt es, Nickelselenid langsam zu Nickel-II-chlorid und Selenwasserstoff aufzuschließen. An der Luft oxidiert es oberflächlich langsam zu Nickelselenit ($NiSeO_3$). Dünne, aus Nickelselenid bestehende Schichten sind Halbleiter und werden in Fotozellen verwendet (Min 2016).

Nickel-II-tellurid (NiTe) kommt sehr selten in der Natur in Form des Minerals Imgreit vor. Synthetisch ist es entweder durch Erhitzen von Tellur mit Nickel-II-chlorid in einer wässrigen Lösung von Natriumhydroxid oder durch direkte Umsetzung der Elemente bei Temperaturen um 600 °C zugänglich (Zhang et al. 2002; Umeyama et al. 2012). Es ist ein grauer, geruchloser, hexagonal kristallisierender Feststoff mit Halbleitereigenschaften, der sich oberhalb einer Temperatur von 400 °C zersetzt (Wood 2013).

Darüber hinaus sind drei weitere Nickeltelluride bekannt: *Nickelditellurid (NiTe$_2$*, in der Natur als Mineral Melonit vorkommend), *Trinickelditellurid (Ni$_3$Te$_2$)* und *Nickelsubtellurid (NiTe$_{0,775}$*, Embury 1990).

Verbindungen mit Halogenen: Nickel-II-fluorid (NiF$_2$) ist in wasserfreier, reiner Form ein gelber Feststoff vom Schmelzpunkt 1450 °C und der Dichte 4,7 g/cm^3; es wird durch Synthese aus den Elementen, durch Auflösen von Nickel in Flusssäure oder aber mittels Reaktion wasserfreien Nickel-II-chlorids mit Fluor bei Temperaturen um 350 °C erzeugt:

$$Ni + 2\,HF \rightarrow NiF_2 + H_2$$

Das Tetrahydrat ist stark hygroskopisch (Holleman et al. 2007, S. 1713; D'Ans und Lax 1997, S. 640). Die wasserfreie Verbindung kristallisiert tetragonal, das Tetrahydrat orthorhombisch. In Mineralsäuren löst sich Nickel-II-fluorid unter Bildung von Fluorwasserstoff auf, beispielsweise:

$$NiF_2 + H_2SO_4 \rightarrow NiSO_4 + H_2F_2$$

Beim Erhitzen spaltet das Tetrahydrat zunächst Wasser und später, bei noch höherer Temperatur infolge Hydrolyse auch Fluorwasserstoff. Die Zersetzung geht im ungünstigen Fall bis zum Nickel-II-oxid (NiO) (Lange und Haendler 1973). Mit anderen Fluoriden bildet Nickel-II-fluorid Tetrafluorokomplexe [(NiF$_4$)$^{2-}$], die in einer Schichtstruktur kristallisieren, in der NiF$_6$-Oktaeder über zwei Kanten miteinander verknüpft sind (Holleman et al. 2007, S. 1756).

Wasserfreies *Nickel-II-chlorid (NiCl$_2$)* (s. Abb. 5.2) bildet gelbe, im Cadmiumchloridtyp aufgebaute Kristalle (Ferrari et al. 1963) der Dichte 3,55 g/cm^3, die bei einer Temperatur von 1001 °C schmelzen und stark hygroskopisch sind. Man gewinnt es durch Überleiten von Chlor über Nickelpulver; eventuell vorhandene Reste an Wasser entfernt man durch Trocknen im Chlorwasserstoffstrom bei ca. 140 °C oder durch Erwärmen einer Mischung von Thionylchlorid und des grünen Hexahydrats (NiCl$_2$. 6 H$_2$O) (s. Abb. 5.3).

$$NiCl_2 \cdot 6\,H_2O + 6\,SOCl_2 \rightarrow NiCl_2 + 6\,SO_2 + 12\,HCl$$

Abb. 5.2 Nickel-II-chlorid, wasserfrei. (Softyx 2012)

Jenes kristallisiert mit monokliner Struktur aus Lösungen aus, die durch Auflösen von Nickel-II-oxid in Salzsäure entstanden. Das Kristallgitter enthält pro Elementarzelle zwei trans-$[NiCl_2(H_2O)_4]$-Einheiten (Wells 1984).

Weiterhin kennt man das Di- und das Tetrahydrat, das ebenfalls grüne Kristalle bildet.

Nickel-II-chlorid ist sehr gut löslich in Wasser (2540 g/L (!) des Hexahydrats bei 20 °C), leicht resorbierbar und giftig. Die LD_{50} bei Ratten liegt, unterschiedlichen Untersuchungen zufolge, bei 681 mg/kg (Mizuno 1961) bzw. 105 mg/kg (Singh und Junnarkar 1991). Außerdem wirkt die Substanz krebserregend und allergen.

Man verwendet die Verbindung als Farbstoff für keramische Artikel, als Beizmittel in der Färberei, in der galvanischen Vernickelung und zur Herstellung nickelhaltiger Katalysatoren. Wasserfreies Nickel-II-chlorid besitzt infolge der starken Neigung zur Bildung von Amminkomplexen ein hohes Aufnahmevermögen für Ammoniak, weshalb man es in Gasmaskenfiltern einsetzt.

Wasserfreies *Nickel-II-bromid (NiBr$_2$)* ist ein gelber bis bronzefarbener, sehr hygroskopischer Feststoff der Dichte 5,1 g/cm³, der bei einer Temperatur von 965 °C sublimiert und durch Überleiten von Bromdampf über erhitztes Nickel darstellbar ist. Alternative Herstellmethoden sind das Erhitzen von Nickel-II-chlorid im Bromwasserstoffstrom bei Temperaturen um 500 °C oder die Reaktion von Nickel-II-acetat mit Acetylbromid in Benzol (Brauer 1981, S. 1688). Je nach Sublimationsgrad besitzt wasserfreies Nickel-II-bromid eine unterschiedliche Kristallstruktur. Wird es geglüht, zersetzt es sich zu Nickel-II-oxid und Brom (Meyer 2013).

Mit Wasser bildet sich zügig das gelbgrüne Trihydrat, das sich, ohne Hydrolyse zu erleiden, durch Trocknen bei Temperaturen um 200 °C zum wasserfreien Salz entwässern lässt (Perry 2011, S. 289). Das blaugrüne Hexahydrat (s. Abb. 5.4) spaltet bereits bei leichtem Erwärmen Wasser ab und wandelt sich in das Trihydrat um.

Abb. 5.3 Nickel-II-chlorid-Hexahydrat. (BXXXD 2007)

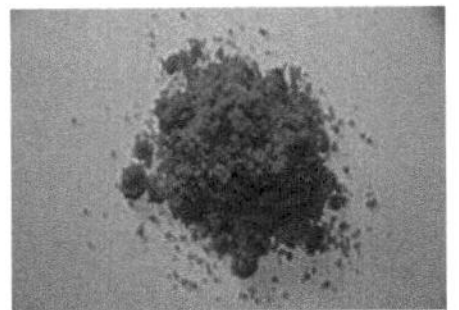

Abb. 5.4 Nickel-II-bromid-Hexahydrat. (Mangl 2007)

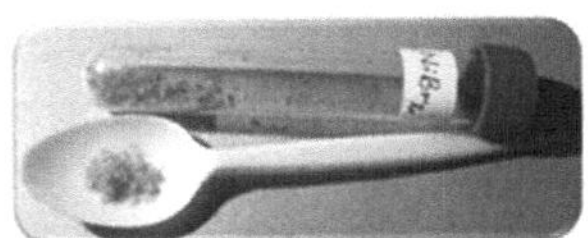

Das Hexahydrat kann man durch Auflösen von Nickel-II-oxid oder -carbonat in Bromwasserstoffsäure erzeugen. Aus Nickel-II-bromid stellt man oft Komplexverbindungen des Nickels her (Nicholls 2013).

Das bei einer Temperatur von 797 °C schmelzende *Nickel-II-iodid (NiI$_2$)* bildet schwarze Kristalle trigonaler Struktur (D'Ans und Lax 1997, S. 496) und wird meist durch Umsetzung der Elemente, dann in wasserfreier Form, erhalten (Greenwood und Earnshaw 1988, S. 1476). Alternativ geht auch die Reaktion von Nickel-II-chlorid mit Natriumiodid (Holleman et al. 2007, S. 1713). Das Auflösen von Nickel-II-oxid in Iodwasserstoffsäure ergibt dagegen das blaugrüne Hexahydrat (Brauer 1981, S. 1688). Jenes ist äußerst hygroskopisch und zersetzt sich bei Zutritt von Luft langsam unter Abscheidung von Iod.

Verbindungen mit Pnictogenen: Nickelarsenid (NiAs) ist ein roter, metallischer Feststoff der Dichte 7,57 g/cm^3, der bei einer Temperatur von 968 °C schmilzt (Holleman et al. 2007, S. 1716). Nach der kubischen Struktur des Kochsalzgitters ist die Nickelarsenid-Struktur ebenfalls eine sehr häufige des AB-Typs, aber mit hexagonal-dichtester Kugelpackung. Dieser Strukturtyp ist weit verbreitet bei Chalkogeniden, Arseniden und Antimoniden der Übergangsmetalle. Im Fall des Nickelarsenids selbst sitzen die Nickelatome in den von sechs Arsenatomen gebildeten oktaedrischen Lücken des Gitters, wogegen die Arsenatome jeweils von sechs in Form eines trigonalen Prismas angeordneten Nickelatomen umringt sind. Jedes Atom einer Sorte ist daher von sechs der anderen umgeben.

In der Natur kommt Nickelarsenid, wenn auch verunreinigt durch Eisen, Schwefel, Antimon und andere Begleitstoffe, in Form des Minerals Nickelin vor. Wenngleich es unlöslich ist, sind alleine der Abrieb oder Stäube der Verbindung schon sehr giftig. Man setzt Nickelarsenid daher lediglich als Katalysator ein, um Spuren von Metallen aus Kohlenwasserstoffen zu entfernen.

Breithauptit *[Nickelantimonid (NiSb)]* ist ein selten in der Natur vorkommendes Mineral ebenfalls hexagonaler Struktur. Meist tritt es in Gestalt größerer Aggregate hellrotbrauner Farbe auf. Diese sind mit einer Mohs-Härte von 5,5 bereits ziemlich hart, was in Anbetracht der Edukte Nickel und Antimon jedoch verständlich ist.

Sonstige Verbindungen: Nickel-II-nitrat [Ni(NO$_3$)$_2$] erhält man meist in Form seines Hexahydrates [Ni(NO$_3$)$_2$. 6 H$_2$O], das beim langsamen Erhitzen auf Temperaturen bis zu 100 °C in das Dihydrat übergeht. Bei weitere Erwärmung tritt teilweise Hydrolyse ein; es bildet sich basisches Nickel-II-nitrat. Das Endprodukt der hydrolytischen Zersetzung sind Nickel-II-oxid, Stickoxide und Sauerstoff. Die Verbindung ist ein starkes Oxidationsmittel und wird in der keramischen Industrie als braunes Pigment, in der Galvanik zum elektronischen Vernickeln, in der Färberei als Beizmittel und zur Herstellung reinen Katalysatornickels. Es fördert die Bildung von Bränden und ist als krebserzeugend eingestuft.

Nickel-II-sulfat (NiSO$_4$) und *Ammoniumnickel-II-sulfat [(NH$_4$)$_2$Ni(SO$_4$)$_2$. 6 H$_2$O]* sind Einsatzstoffe für die elektrische Vernickelung (Galvanisierung). Man stellt Nickel-II-sulfat durch Reaktion von Nickel, Nickel-II-oxid oder Nickel-II-carbonat mit verdünnter Schwefelsäure her (Patnaik 2003). Elegant stellt man es her aus Nickeltetracarbonyl, Schwefel-IV-oxid und Sauerstoff. Neben der wasserfreien Form gibt es auch das Hexa- und Heptahydrat. Letzteres bildet dunkelgrüne, rhomboedrische Kristalle, wogegen es beim Hexahydrat sowohl die blaue, tetragonale, bis zu einer Temperatur von 54 °C stabile α-Modifikation und das bei höherer Temperatur stabile smaragdgrüne, monokline β-Nickel-II-sulfat gibt. Beim Glühen zersetzt sich die Verbindung zu Nickel-II-oxid und Schwefeltrioxid:

$$NiSO_4 \rightarrow NiO + SO_3$$

Nickel-II-sulfat ist Ausgangsprodukt zur Herstellung anderer Nickelverbindungen und Katalysatoren. Hauptsächlich findet es in der Galvanik Einsatz sowie in Beizmitteln für die Färberei. Es wirkt krebserregend und allergen.

Nickel-II-carbonat (NiCO$_3$) dient als Pigment für Keramikartikel und zur Herstellung reinen Nickel-II-oxids. De wasserfreie Verbindung ist durch Umsetzung einer Lösung von Natriumhydrogencarbonat mit einer salzsauren Lösung von Nickel-II-chlorid-Lösung dargestellt. Auch durch Erhitzen von Nickeltetracarbonyl wird es gebildet. Beim Erhitzen von Nickel-II-carbonat auf Temperaturen oberhalb von 120 °C wird dieses zersetzt. Das wasserhaltige Nickel-II-carbonat ist unlöslich in Wasser und Säuren. Man verwendet es als Katalysator bei der Härtung von Fetten, als Farbpigment in der keramischen Industrie und in Galvanik.

Nickeltetracarbonyl [Ni(CO)$_4$] entsteht durch Überleiten von Kohlenmonoxid über fein verteiltes Nickel bei Temperaturen zwischen 50 und 80 °C. Die farblose und sehr giftige Flüssigkeit dient als Zwischenprodukt zur Herstellung von reinstem Nickel nach dem Mond-Verfahren, da die Verbindung oberhalb einer Temperatur von 180 °C wieder in Nickel und Kohlenmonoxid zerfällt. Beim Erhitzen an der Luft ist Nickeltetracarbonyl selbstentzündlich und reagiert heftig mit oxidierenden Stoffen. Man setzt es als Katalysator bei einigen organischen Synthesen ein.

Nickel und insbesondere Ni^{2+}-Kationen bilden viele Komplexe, in deren Molekülen das Nickelatom fast immer mit Koordinationszahlen von vier bis sechs auftritt. Dabei werden sowohl oktaedrische oder tetraedrische, paramagnetische High-spin-Komplexe gebildet, so wie mit Wasser- bzw. Ammoniakmolekülen ([Ni(H$_2$O)$_6$]$^{2+}$ bzw. [Ni(NH$_3$)$_4$]$^{2+}$), oder, wie es bei starken Liganden wie Cyanidionen der Fall ist, auch quadratisch-planare, diamagnetische Low-spin-Komplexe

($[Ni(CN)_4]^{2-}$, Tetracyanoniccolat-II). Weiter gibt es eine große Vielfalt organischer Nickelkomplexe mit Polyaminen, Carbonsäuren, Phosphon- und Phosphinsäureliganden usw.

Anwendungen

In metallischer Form benötigt man reines Nickel eher selten. Der größte Teil der Produktion wird zu nichtrostenden Stählen und anderen Legierungen weiterverarbeitet.

So dient reines, fein verteiltes Nickel als Katalysator beim Verfahren zur Härtung (Hydrierung) von Fettsäuren. Seine im Vergleich zu Eisen wesentlich größere chemische Beständigkeit ist der Grund, weshalb Nickel trotz seines höheren Preises zur Herstellung von Apparaturen in der chemischen Industrie verwendet wird. Des Weiteren ist Nickel ein bewährtes Material, um unedlere Metalle vor Korrosion zu schützen, und wird elektrolytisch auf diese aufgebracht (Vernickeln). Früher verarbeitete man es auch zu Brillengestellen sowie in Schmuck, hiervon ist man jedoch wegen der stark allergenen Wirkung von Nickel und seinen Verbindungen abgekommen.

Die beispielsweise in Gaschromatografen eingebauten Elektroneneinfangdetektoren nutzen als Emissionsquelle das β-strahlende Isotop $^{63}_{28}$Ni.

Da Nickel die Beständigkeit von Stahl gegenüber Korrosion stark erhöht, gelangt der größte Teil des Nickels in diverse Edelstähle, denen oft auch noch Chrom beilegiert wird. Nicht nur die Beständigkeit des Stahls gegenüber chemischen Einflüssen wird erhöht, sondern auch seine Härte, Zähigkeit und Dehnbarkeit. Eine der ersten Edelstahllegierungen war V2A-Stahl, der 8% Nickel und 18% Chrom enthält, sowie der noch beständigere V4A-Stahl (Nirosta) mit Anteilen von 11% Nickel, 18% Chrom und 2% Molybdän.

In diesem Zusammenhang sind auch die Nickelbasis-Superlegierungen zu nennen, die für den Einsatz von Werkstoffen bei hohen Temperaturen und/oder in korrosiven Medien entwickelt wurden. Man findet sie unter anderem in Flugzeugturbinen und Gasturbinen von Kraftwerken. Neusilber ist eine aus Kupfer und Zink bestehende Legierung, der ein Mengenanteil von 10–26% Nickel zulegiert wurde. Auch Neusilber ist sehr beständig gegenüber Korrosion; man verwendet es meist für Essbestecke und Gerätebau. Eine weitere Legierung des Nickels, Monelmetall (65% Nickel, 33% Kupfer, 2% Eisen), ist selbst gegenüber sehr aggressiven Stoffen wie Fluor beständig; daher bestehen Druckgasflaschen, in denen Fluorgas gelagert wird, aus Monel.

Konstantan, das zu 55% aus Kupfer und zu 45% aus Nickel besteht, zeigt über einen großen Temperaturbereich einen nahezu gleichbleibenden spezifischen elektrischen Widerstand. Raney-Nickel, eine Legierung von Nickel mit Aluminium, ist ein verbreitet angewandter Katalysator für die Hydrierung organischer Verbindungen.

Physiologie, Toxizität

Es ist noch nicht vollständig geklärt, ob Nickel essenziell für den Menschen ist. Es gibt im menschlichen Körper zwar einige Enzyme, die Nickel enthalten, in denen aber die Rolle des Nickels durch andere Kationen der Oxidationsstufe +2 sowie vergleichbarer Koordinationsgeometrie übernommen werden kann. Die wirksamen Eiweiße in diesen Enzymen sind unter anderem alpha-Fetoprotein oder Polyribonukleotid-5′-hydroxylkinase Clp1, die als Cofaktor Magnesium, Mangan oder Nickel benötigt; somit ist Nickel hier austauschbar.

Anders sieht das Bild bei einigen Pflanzen aus, für die Nickel und die es enthaltenden Enzyme essenziell sind und die auf nickelarmen Böden nicht oder kaum gedeihen. Mangelerscheinungen lassen sich durch Düngung mit Nickel-II-salzen beheben.

Nickel ist für den Menschen andererseits ein starkes Allergen, das Hautkrankheiten verursacht. Aus Nickel bestehender Schmuck (auch Piercings) und aus Edelstahl bestehende Implantate können bereits Kontaktallergien hervorrufen. Die Zahl der in Deutschland lebenden Menschen, die gegenüber Nickel sensibilisiert sind, dürfte heute bei 2 bis 4 Mio. liegen (Schnuch et al. 2002). Daher sinkt die Zahl der Gegenstände des täglichen Gebrauchs, die vernickelt sind, ständig.

Ein weiteres starkes Risiko für die menschliche Gesundheit ist die Tatsache, dass Nickel und seine Verbindungen bei oraler oder respiratorischer Aufnahme krebserregend wirken. Das Einatmen anorganischer Nickelverbindungen kann zur Bildung von Krebs in der Lunge und den oberen Atemwegen führen; bei berufsbedingter Exposition ist dies als Berufskrankheit anerkannt (Strutz et al. 2001). Eine erhöhte Konzentration von Nickel in der Atemluft wirkt naturgemäß darüber hinaus stark sensibilisierend (Kasper-Sonnenberg et al. 2011). In der russischen Stadt Norilsk, deren 170.000 Einwohner 40% der weltweiten Förderung an Palladium und 20% der gesamten russischen Nickelproduktion tätigen, leidet, auch bedingt durch die hemmungslose Kontamination der Umwelt mit toxischen Schwermetallen einschließlich Nickel, ein weit überdurchschnittlicher Anteil der Bevölkerung an chronischen und akuten Vergiftungssymptomen.

Wegen seiner Gefährlichkeit begrenzte die Europäische Union durch Verordnung den Einsatz von Nickel in Bedarfsgegenständen wie Armbanduhren oder Geräten zur Verarbeitung von Lebensmitteln (ECHA 2006). In Deutschland regelt die Bedarfsgegenständeverordnung die einzuhaltenden Grenzwerte (Lechner 2016).

Analytik

Sowohl zur qualitativen als auch zur quantitativen (gravimetrischen) Erfassung des Nickels dient die Fällungsreaktion, die in ammoniakalischer, wässriger Lösung befindliche Ni^{2+}-Kationen durch Zugabe von in Ethanol gelöstem Dimethylglyoxim eingehen. Dabei fällt das himbeerrote Bis(dimethylglyoximato) nickel-II als in wässriger Phase nahezu unlöslicher Komplex aus (Schweda 2012, S. 87). Heutzutage erfolgt die quantitative Bestimmung des Nickels, wie auch die vieler anderer Schwermetalle, durch Atomabsorptions- oder auch Massenspektrometrie selbst im Spurenbereich relativ genau.

5.2   Palladium

Symbol:	Pd		
Ordnungszahl:	46		
CAS-Nr.:	7440-05-3		
Aussehen:	Silberweiß glänzend	Palladium (Hi-Res Images of Chem Elements 2009)	Palladium (25 Rubel-Gedenk-münzen, Bank SSSR 1989)
Entdecker, Jahr	Wollaston (Vereinigtes Königreich), 1803		
Wichtige Isotope [natürliches Vorkommen (%)]	Halbwertszeit	Zerfallsart, -produkt	
$^{104}_{46}$Pd (11,14)	Stabil	-----	
$^{105}_{46}$Pd (22,33)	Stabil	-----	
$^{106}_{46}$Pd (27,33)	Stabil	-----	
$^{108}_{46}$Pd (26,46)	Stabil	-----	
$^{110}_{46}$Pd (11,72)	Stabil	-----	
Massenanteil in der Erdhülle (ppm):	0,011		
Atommasse (u):	106,42		
Elektronegativität (Pauling ♦ Allred&Rochow ♦ Mulliken)	2,20 ♦ K. A. ♦ K. A.		
Normalpotential: $Pd^{2+} + 2\,e^- \rightarrow Pd$ (V)	0,915		
Atomradius (berechnet) (pm):	140 (169)		
Van der Waals-Radius (pm):	163		
Kovalenter Radius (pm):	139		
Ionenradius (Pd^{2+}, pm)	86		
Elektronenkonfiguration:	[Kr] $4d^{10}\,5s^0$		

Ionisierungsenergie (kJ / mol), erste ♦ zweite ♦ dritte:	804 ♦ 1870 ♦ 3177
Magnetische Volumensuszeptibilität:	$8,0 \cdot 10^{-4}$
Magnetismus:	Paramagnetisch
Kristallsystem:	Kubisch-flächenzentriert
Elektrische Leitfähigkeit ([A / (V · m)], bei 300 K):	$9,26 \cdot 10^{6}$
Elastizitäts- ♦ Kompressions- ♦ Schermodul (GPa):	121 ♦ 180 ♦ 44
Vickers-Härte ♦ Brinell-Härte (MPa):	400-600 ♦ 320-610
Mohs-Härte	4,75
Schallgeschwindigkeit (longitudinal, m/s, bei 293,15 K):	3070
Dichte (g / cm^3, bei 293,15 K)	11,99
Molares Volumen (m^3 / mol, im festen Zustand):	$8,56 \cdot 10^{-6}$
Wärmeleitfähigkeit [W / (m · K)]:	72
Spezifische Wärme [J / (mol · K)]:	25,89
Schmelzpunkt (°C ♦ K):	1555 ♦ 1828
Schmelzwärme (kJ / mol)	16,7
Siedepunkt (°C ♦ K):	2960 ♦ 3233
Verdampfungswärme (kJ / mol):	380

Geschichte

Palladium wurde 1803 bei der Aufarbeitung südamerikanischer Platinerze von Wollaston entdeckt, der ein Jahr später auch Rhodium aus Rückständen der Verarbeitung von Platinmetallen isolieren konnte. Die Namensgebung erfolgte nach dem Asteroiden Pallas, der zwei Jahre zuvor entdeckt wurde (Wollaston 1804 und 1805).

Vorkommen und Gewinnung

Das Element und seine Legierungen findet man gelegentlich in Sedimenten von Flüssen im Uralgebiet, Australien und vereinzelt in Nord- und Südamerika. Eine technische Herstellung ist aus diesen aber wirtschaftlich nicht lohnend, zumal diese Vorkommen vielfach schon ausgebeutet sind.

Südafrika und Russland dominieren heute den Weltmarkt mit jeweils ca. 40% Anteil, was die Gewinnung von Palladium aus Nickel- und Kupfererzen betrifft. Weitere 15% steuern Kanada (9%) und die USA (6%) bei. Die gesamte weltweite Produktionsmenge betrug 2011 etwa 200 t und ist bis heute leicht gestiegen. Dies liegt auch daran, dass das aus den Verbrennungskatalysatoren von Altautos zurückgewonnene Palladium wieder auf den Weltmarkt gelangt. (Anm.: Betrachtet man die sechs „Platinmetalle" (Platin, Palladium, Iridium, Osmium, Rhodium und Ruthenium) insgesamt, so lagern in Südafrika 95% (!) deren weltweiter Reserven (63.000 t)).

Mit der Altwagenentsorgung wird der Anteil des recycelten Palladiums aus den Abgaskatalysatoren ansteigen. Nach der Auflösung der Platinmetallrückstände lassen sich die Pd^{2+}-Ionen selektiv durch Extraktion mit Di-n-hexylsulfid von anderen Metallen, auch Edelmetallen, aus salzsaurer Lösung trennen (Edwards 1975).

Eigenschaften

Physikalische Eigenschaften: Palladium hat von allen sechs „Platinmetallen" die niedrigsten Werte für Schmelz- und Siedepunkt, Schmelz- und Verdampfungswärmen sowie Dichte. Durch Glühen kann man es weich und dehnbar machen, wogegen durch Kaltumformung das Gegenteil, eine zunehmende Festigkeit und Härte, erreicht wird.

Chemische Eigenschaften: Palladium ist deutlich reaktiver als die anderen Platinmetalle und ähnelt hierin stark dem Silber, ist also „nur" als ein Halbedelmetall einzustufen. Dies wird auch schon aus dem vergleichsweise niedrigen Normalpotenzial für die Bildung von Pd^{2+}-Ionen deutlich. Es ist in konzentrierter Salpetersäure unter Bildung von *Palladium-II-nitrat [Pd(NO$_3$)$_2$]* löslich. Ebenso wird es von heißer konzentrierter Schwefelsäure (!) gelöst, wobei sich *Palladium-II-sulfat (PdSO$_4$)* bildet, des Weiteren von Königswasser und sogar von Salzsäure (!) unter Bildung seines Tetrachlorokomplexes $[(PdCl_4)^{2-}]$.

An der Luft ist es bei Raumtemperatur beständig und behält seinen metallischen Glanz. Auch läuft es nach längerer Exposition an der Luft nicht wie Silber an, sondern nur dann, wenn es in der Nähe von Schwefel oder schwefelabgebenden Substanzen und bei gleichzeitigem Zutritt von Luftfeuchtigkeit gelagert wird. Wird das Metall auf eine Temperatur von rund 400 °C erhitzt, so bildet sich auf seiner Oberfläche eine stahlblaue Schicht von *Palladium-II-oxid (PdO),* die bei weiterem Erhitzen auf 800 °C wieder verschwindet.

Vor etwa 150 Jahren entdeckte Graham, dass Palladium von allen Metallen das höchste Absorptionsvermögen aller Elemente für Wasserstoff besitzt. Das absorbierte Volumen an Wasserstoffgas, jeweils bei Raumtemperatur gemessen, beträgt das 900-Fache des Volumens kompakten metallischen Palladiums, das 1200-Fache bei fein verteiltem Metallpulver und das 3000-Fache in kolloidalen Lösungen des Palladiums. Primär lagern sich hier Wasserstoffatome zwischen denen des Palladiums im Kristallgitter ein, aus chemischer Sicht erfolgt hierbei die Bildung eines Hydrids stark schwankender Zusammensetzung (Aston und Mitacek 1962).

Üblicherweise tritt Palladium mit den Oxidationsstufen +2 und +4 auf, seltener 0 (in einigen Phosphinkomplexen), +1 und auch +6. Die gelegentlich beobachtete Stufe +3 enthält in Wirklichkeit eine Mischung aus Pd^{2+}- und Pd^{4+}-Kationen.

Verbindungen

Verbindungen mit Halogenen: Palladium-II,IV-fluorid („PdF₃") gewinnt man durch Umsetzung von Palladium mit Chlor zu Palladium-II, IV-chlorid in der Hitze (Singh 2007, S. 237) und dessen nachfolgender Reaktion mit Fluor bei Temperaturen um 250 °C (Brauer 1975, S. 263). Die Verbindung ist ein schwarzer, rhombisch verzerrt kristallisierender Feststoff (Alsfasser et al. 2007), der in Wasser und Laugen Hydrolyse erleidet, sich in manchen Säuren aber einigermaßen unzersetzt löst. Durch Wasserstoffgas wird Palladium-II,IV-fluorid in heftiger Reaktion wieder zu metallischem Palladium reduziert.

Palladium-II-chlorid (PdCl₂) entsteht durch Auflösen metallischen Palladiums in Königswasser oder konzentrierter Salzsäure in Gegenwart von Chlor (Cotton 1997). Ebenso erhält man die Verbindung durch Leiten von Chlorgas über auf eine Temperatur von 500 °C erhitzten Palladiumschwamm.

α-Palladium-II-chlorid bildet rote, rhomboedrisch strukturierte Kristalle vom Schmelzpunkt 679 °C und der Dichte 4,0 g/cm³ (s. Abb. 5.5). In Wasser lösen sie sich zunächst unzersetzt; ebenso werden sie durch Salzsäure, Ethanol und Aceton gelöst. Erhitzen auf Temperaturen um 600 °C führen zur Zersetzung der Verbindung zu Palladium und Chlor. Einleiten von Schwefelwasserstoff in wässrige Lösungen der Substanz führt zur Fällung braun-schwarzen *Palladium-II-sulfids (PdS)*. Palladium-II-chlorid ist Ausgangsmaterial zur Herstellung diverser Palladiumverbindungen, auch zum Beispiel für Katalysatoren, die in organischen Synthesen eingesetzt werden (beispielsweise im Wacker-Verfahren der Oxidation von Ethylen zu Acetaldehyd). Ebenso benutzt man es zur Detektion auch geringer Konzentrationen von Kohlenmonoxid, wobei Papier mit sehr verdünnter PdCl₂-Lösung getränkt wird; darüber geleitetes Kohlenmonoxid reduziert die Verbindung zu schwarz erscheinendem Palladium.

Palladium-II-bromid (PdBr₂) gewinnt man durch Umsetzung von Palladium mit einer wässrigen Lösung von Bromwasserstoff und Brom (Brauer 1981, S. 1730), alternativ auch direkt aus den Elementen bei hoher Temperatur (Housecroft 2005, S. 686). Die Verbindung ist ein bei 310 °C unter Zersetzung schmelzender, braunschwarzer, in Form nadelförmiger Kristalle monokliner Struktur

Abb. 5.5 Kristallines α-Palladiumchlorid. (Materialscientist 2011)

auftretender Feststoff. Eine nennenswerte Löslichkeit besitzt Palladium-II-bromid nur in Halogenwasserstoffsäuren. In der Praxis setzt man es als gegenüber $PdCl_2$ aktiveren Katalysator für organische Synthesen ein (Tsuji 2006, S. 344).

Röntgenamorphes *Palladium-II-iodid (PdI$_2$)* ist ein schwarzes Pulver der Dichte 6,0 g/cm^3, das bei einer Temperatur von 350 °C schmilzt. Man stellt es durch Erhitzen einer stark verdünnten Lösung von Palladium-II-nitrat [$Pd(NO_3)_2$] in Salpetersäure mit einer wässrigen Lösung von Natriumiodid bei 80 °C dar. Die Verbindung ist unlöslich in Säuren, aber löslich in einer wässrigen Lösung von Kaliumiodid. Es existieren neben dieser amorphen Form auch drei einzelne, jeweils charakterisierte Modifikationen:

γ-PdI$_2$ ist feinkristallin und wird bei der Fällung von Pd^{2+}-Ionen mit Iodid aus wässriger H$_2$PdCl$_4$-Lösung bei Raumtemperatur erzeugt. Wird diese Modifikation mit Iodwasserstoff erhitzt, so geht ab einer Temperatur von etwa 140 °C die γ- in die β-Form über.

Das durch Reaktion der Elemente bei Temperaturen um 600 °C erhältliche α-Palladium-II-iodid hat eine orthorhombische Kristallstruktur (Brendel 2001; Blachnik 1998, S. 668).

Verbindungen mit Chalkogenen: Palladium-II-oxid (PdO) ist das stabilste Palladiumoxid und ein grünlich-schwarzer, tetragonal kristallisierender, in Säuren unlöslicher Feststoff der Dichte 8,3 g/cm^3, der bei einer Temperatur von 750 °C unter Zersetzung schmilzt. Man kann es durch Erhitzen fein verteilten Palladiums im Sauerstoffstrom bei 350 °C erhalten. Alternativ gelingt auch die Darstellung mittels Erhitzen einer aus Palladium-II-chlorid und Kalium- oder Natriumnitrat bestehenden Mischung auf Temperaturen um 600 °C mit darauf folgendem Auslaugen des wasserlöslichen Rückstandes (Cotton 1997). Das hydratisierte, gelbbraune, in Säuren lösliche Palladium-II-oxid ist einfach durch Zugabe von Natronlauge zur wässrigen Lösung eines Palladium-II-salzes herzustellen; beim Erhitzen erhält man die schwarze wasserfreie Form nur teilweise, da die Verbindung unter diesen Bedingungen Sauerstoff abgibt (Holleman et al. 2007).

Palladium-II-oxid dient als Ausgangsmaterial zur Herstellung von Hydrierkatalysatoren.

Gibt man verdünnte Natronlauge zu wässrigen Hexachloropalladat-IV-haltigen Lösungen [$(PdCl_6)^{2-}$], so fällt *Palladium-IV-oxid (PdO$_2$)* als Niederschlag aus der Lösung aus (Holleman et al. 2007, S. 1732; Wöhler und König 1905). Weiterhin kann man es durch anodische Oxidation von Palladium-II-nitrat in wässriger Lösung herstellen sowie durch Überleiten von unter Druck stehendem Sauerstoffgas über erhitztes Palladium (Lazarev et al. 1978).

Die Verbindung ist ein starkes Oxidationsmittel und oxidiert Salzsäure teilweise zu Chlor. Es ist ein dunkelroter Feststoff tetragonaler Kristallstruktur (wie

Rutil), der bei ca. 200 °C unter Zersetzung schmilzt. Wird die Substanz erhitzt, so gibt sie unter Bildung von Palladium-II-oxid Sauerstoff ab, das beim Glühen in die Elemente zerfällt. Das hydratisierte Palladium-IV-oxid ist in konzentrierten Alkalien und in Salzsäure löslich. Wird es in oxal- oder essigsäurehaltiger Lösung gekocht, so reduziert es die Säure zum Metall (Vezes 1899).

Das braune, synthetisch durch Erhitzen einer Mischung der Elemente gewinnbare *Palladium-II-sulfid (PdS)* (Holleman et al. 2007, S. 1734) zersetzt sich beim Erhitzen auf Temperaturen um 1000 °C. Alternativ funktioniert auch das Einleiten von Schwefelwasserstoff in wässrige Lösungen von Palladium-II-salzen (Lautenschläger et al. 2001). Die Verbindung kristallisiert tetragonal mit acht Formeleinheiten pro Elementarzelle (Brese et al. 1985). In der Natur kommt es als bläuliches Mineral Vysotskit vor.

Sonstige Verbindungen: Das rotbraune *Palladium-II-nitrat [Pd(NO$_3$)$_2$]* erhält man durch Lösen von Palladium in heißer, konzentrierter Salpetersäure (Cotton 1997). Unzersetzt ist es nur in verdünnter Salpetersäure löslich; in Wasser hydrolysiert es unter Bildung einer trüben Lösung. Zugabe von Natronlauge führt zur Ausfällung von Palladium-II-oxid. Beim Erhitzen zersetzt sich die Verbindung, und zudem ist sie ein starkes Oxidationsmittel, da sowohl Pd^{2+} leicht in Palladium übergeht, als auch Nitrat oxidierend wirkt.

Palladium-II-sulfat-hydrat (PdSO$_4$. H$_2$O) erzeugt man durch Auflösen von Palladium-II-oxid oder Palladium-II-nitrat in heißer Schwefelsäure. Verwendet man konzentrierte Schwefelsäure bei der hohen Temperatur von 250 °C, so gewinnt man das wasserfreie Salz (Brauer 1981, S. 1731). Auch diese Verbindung, ein rotbrauner, monoklin kristallisierender Feststoff (Dahmen et al. 1994), wird bei Zutritt von Wasser hydrolysiert.

Die oktaedrische Struktur einiger Komplexe des Pd^{2+}-Ions wurde bestätigt (Bruns et al. 2012).

Anwendungen

Fein verteilt verwendet man Palladium in vielen Katalysatoren für organische Synthesen, oft für Reaktionen, bei denen Wasserstoff addiert oder abgespalten wird (Höllein 2004), ebenso bei der thermischen Spaltung von Kohlenwasserstoffen (Li und Gribble 2007). Man baut wegen der Korrosionsbeständigkeit des Metalls Kontakte aus Palladium in Relais für Telefon-, Lautsprecher- und anderen Akustikanlagen ein. Legierungen aus Palladium und Nickel können Gold in metallischen Beschichtungen ersetzen. Titan macht man durch Zulegieren kleinerer Mengen an Palladium korrosionsbeständig gegenüber chloridhaltigen Medien (Salzwasser), weswegen diese Werkstoffe oft im chemischen Anlagenbau eingesetzt werden (Kickelbick 2008; Rau und Ströbel 1999).

Wegen seines im Vergleich zu Platin niedrigeren Preises wird es weithin in Abgaskatalysatoren für Ottomotoren verwendet. Man verarbeitet es bevorzugt anstelle von Silber in Weißgold, da es gegenüber jenem beständiger an der Luft ist. Man findet es darüber hinaus in Zahnprothesen, medizinischen Instrumenten, Zündkerzen für Flugzeugmotoren, Federn für Füllfederhalter und Platintiegeln; jene bestehen zu vier Fünftel aus Platin und einem Fünftel aus Palladium.

Durch heißes Palladiumblech diffundiert Wasserstoff nahezu widerstandslos, wodurch man Palladium zum Reinigen, Abtrennen oder auch Speichern von Wasserstoff verwendet. Es dient als p-Kontakt in Halbleitern, die auf Galliumnitrid oder seinen Homologen aufgebaut sind. Ebenso werden die aus Kunststoff bestehenden Leiterplatten entweder vollständig oder nur im Bereich ihrer Bohrungen zur Herstellung des Erstkontaktes mit Palladium beschichtet, worauf denn jeweils eine Schicht Nickel- oder Kupfermetall folgt.

5.3   Platin

Symbol:	Pt		
Ordnungszahl:	78		
CAS-Nr.:	7440-06-4		
Aussehen:	Silberglänzend	Platin, Folie (Sicius 2016)	Platin, kristallisiert aus Gasphase (Periodictableru 2010)
Entdecker, Jahr	Ägypten, 3000 v. Chr.		
Wichtige Isotope [natürliches Vorkommen (%)]	Halbwertszeit	Zerfallsart, -produkt	
$^{194}_{78}$Pt (32,9)	Stabil	-----	
$^{195}_{78}$Pt (33,8)	Stabil	-----	
$^{196}_{78}$Pt (25,3)	Stabil	-----	
$^{198}_{78}$Pt (7,2)	Stabil	-----	
Massenanteil in der Erdhülle (ppm):	0,005		
Atommasse (u):	195,085		
Elektronegativität (Pauling ♦ Allred&Rochow ♦ Mulliken)	2,28 ♦ K. A. ♦ K. A.		
Normalpotential: $Pt^{2+} + 2\,e^- \rightarrow Pt$ (V)	1,118		
Atomradius (berechnet) (pm):	135 (177)		
Van der Waals-Radius (pm):	175		
Kovalenter Radius (pm):	136		
Ionenradius (Pt^{2+}/ Pt^{4+} pm)	80 / 77		

Elektronenkonfiguration:	[Xe] $4f^{14}\,5d^9\,6s^1$
Ionisierungsenergie (kJ / mol), erste ♦ zweite:	870 ♦ 1791
Magnetische Volumensuszeptibilität:	$2,8 \cdot 10^{-4}$
Magnetismus:	Paramagnetisch
Kristallsystem:	Kubisch-flächenzentriert
Elektrische Leitfähigkeit ([A / (V · m)], bei 300 K):	$9,43 \cdot 10^6$
Elastizitäts- ♦ Kompressions- ♦ Schermodul (GPa):	168 ♦ 230 ♦ 61
Vickers-Härte ♦ Brinell-Härte(MPa):	400-550 ♦ 300-500
Mohs-Härte	3,5
Schallgeschwindigkeit (longitudinal, m/s, bei 293,15K):	2680
Dichte (g / cm^3, bei 293,15 K)	21,45
Molares Volumen (m^3 / mol, im festen Zustand):	$9,09 \cdot 10^{-6}$
Wärmeleitfähigkeit [W / (m · K)]:	72
Spezifische Wärme [J / (mol · K)]:	25,68
Schmelzpunkt (°C ♦ K):	1768 ♦ 2041
Schmelzwärme (kJ / mol)	19,6
Siedepunkt (°C ♦ K):	3827 ♦ 4100
Verdampfungswärme (kJ / mol):	510

Geschichte

Wahrscheinlich verwendeten schon die Ägypter um 3000 v. Chr. Platin. In Europa kamen die ersten Hinweise aus den damaligen spanischen Kolonien in Mittel- und Südamerika. Es wurde als unschmelzbar angesehen, wie Scaliger 1557 schrieb (McDonald und Hunt 1982), aber die Spanier erkannten den Wert des Metalls nicht und sahen es nur als Verunreinigung von Gold an („platina" = minderwertiges Silber). Oft verwarf man es achtlos, und es bestanden sogar Erlasse zum Verbot der Beimischung von Platin zu Gold (Hesse 2007).

Den Engländern Wood und Brownrigg als auch dem Spanier de Ulloa schreibt man die erste Entdeckung des Platins zu (Weeks 1968). Brownsrigg beschreibt den sehr hohen Schmelzpunkt des neu entdeckten, weil vorher noch nicht beschriebenen Metalls. Daraufhin begannen einige Chemiker, vor allem die Gruppe um Berzelius, mit weiteren Untersuchungen des Platins (Watson und Brownrigg 1749). Scheffer erkannte, dass Platin ebenso wie Gold sehr beständig gegenüber Korrosion und chemischen Angriffen ist (McDonald und Hunt 1982). Von Sickingen verschmolz als erster Platin mit Gold und löste Platin in Königswasser auf, fällte Platin als Ammoniumhexachloroplatinat-IV [$(NH_4)_2PtCl_6$] und reduzierte jenes wieder zu metallischem Platin. Achard stellte 1784 den ersten Platintiegel her, indem er ein Gemisch aus Platin- und Arsenpulver in einer Tiegelform schmolz und das Arsen verdampfen ließ (!).

Da Ende des 18. Jahrhunderts noch kein Platin ausreichender Reinheit hergestellt werden konnte, kannte man damals nur sprödes, verunreinigtes Platin – reinstes Platin kann aber zu sehr langen Drähten ausgezogen werden. Auf der Suche nach verform- und dehnbarem Platin gelang es nach 1786 Chabaneau, aus Platin die Verunreinigungen Gold, Blei, Quecksilber, Kupfer und Eisen zu entfernen, aber die Resultate waren inkonsistent, da das seinerzeit bekannte „Platin" die damals noch unbekannten, anderen Mitglieder der Platingruppe (Palladium, Iridium, Osmium, Rhodium und Ruthenium) enthielt. Schließlich gelangen ihm die Herstellung und das Vergießen von über 20 kg (!) einigermaßen reinen Platins, die er im Namen des spanischen Königs in Form von Barren und Stücken verkaufte.

Vorkommen

Platin ist mit einem Gehalt in der Erdkruste von 5 µg/kg eines der seltensten Elemente. Meist kommt es als Begleiter von Kupfer- und Nickelerzen vor, und dann vor allem in Südafrika, das 80% des weltweit gehandelten Platins aus diesen Rohstoffen als Nebenprodukt erzeugt. Platin kommt sowohl gediegen als auch in Gestalt von ca. 50 verschiedenen mineralischen Verbindungen in der Natur vor, jedoch lohnt sich der Abbau solcher Vorkommen nicht. Es ist weltweit sehr verstreut aufzufinden.

Die wichtigsten Fördernationen waren 2011 Südafrika (Bushveld) mit 139 t, Russland (Norilsk) mit 26 t und Kanada (Ontario und Québec) mit 10 t. Diese drei Länder stehen für etwa 90% der weltweiten Gesamtproduktion.

Gewinnung

Die Gewinnung aus Flusssanden ist fast zum Erliegen gekommen. Platin wird elementar nur noch an wenigen Orten im Tagebau geschürft. Wesentlich wichtiger sind, wie oben bereits erwähnt, Buntmetallerze, in denen Platin begleitend auftritt; aus diesen wird es im Zuge der elektrolytischen Raffination des Nickels aus dem Anodenschlamm isoliert (Hunt und Lever 1969). Das dabei anfallende Rohplatin, das auch noch Gold und die anderen Platinmetalle enthält, löst man in Königswasser, wobei Gold, Palladium und Platin darin aufgelöst werden. Dagegen bleiben Osmium, Iridium, Ruthenium und Rhodium zurück (Xiao und Laplante 2004). Das Königswasser enthält dann Hexachloroplatin-IV-säure, die man dann als Ammoniumsalz [$(NH_4)_2PtCl_6$] fällt. Jenes glüht oder reduziert man dann zu Platinmetall (Kauffman et al. 1967; Schweizer und Kerr 1978).

Auch die Wiedergewinnung von Platin, das in Edelmetallabfällen oder Schmuck enthalten ist, verläuft nach demselben Prinzip (Kauffman et al. 1963). Das rohe Metall löst man entweder in Königswasser oder einer Mischung aus Schwefelsäure und Wasserstoffperoxid auf. Aus diesen Lösungen fällt man es am Ende als schwer lösliche Verbindung aus und reduziert diese dann zum Metall. Ein vor wenigen Jahren entwickeltes Verfahren beinhaltet die anodische Auflösung des verunreinigten Platins in einem auf eine Temperatur von 100 °C erhitzten, aus Zinkchlorid und einem anderen ionischen Zusatz bestehenden Elektrolyten. Das Platin löst sich während des Prozesses in der Lösung auf, aus der es später dann wieder in reiner Form auf einer Kathode abgeschieden werden kann (Han et al. 2007).

Eigenschaften

Reines Platin ist silberglänzend und eines der am meisten dehn- und formbaren Metalle überhaupt. Es ist mit vielen Metallen wie Eisen, Cobalt, Gold, Wolfram, Gallium und Zinn legierbar. Platin ist sehr beständig gegenüber Korrosion und chemischen Einflüssen, wenngleich es hierin von Iridium noch deutlich übertroffen wird. Stark erhitztes Platin reagiert mit Sauerstoff nur langsam, aber ein Schweißen von Platin ist wegen teilweiser Bildung von Oxid nur mit schwach oxidierender Flamme möglich. Bei Temperaturen um 500 °C reagiert es heftig mit Fluor und wird dann auch von Chlor, Brom, sogar Iod, Schwefel, Phosphor, Bor und Kohlenstoff angegriffen. Es ist in heißem Königswasser löslich (s. Abb. 5.6) nach:

$$Pt + 4\,HNO_3 + 6\,HCl \;\rightarrow\; H_2PtCl_6 + 4\,NO_2 + 4\,H_2O$$

sowie auch in Mischungen aus Wasserstoffperoxid und konzentrierter Schwefelsäure.

Platin ist längst nicht so „edel", wie man allgemein glaubt. Überhaupt fallen die beiden Edelmetalle dieser Gruppe, Palladium und Platin, hinsichtlich ihrer chemischen Reaktivität gegenüber Iridium ins Negative ab, das als insgesamt „edelstes" Metall das Maß der Dinge darstellt. Selbst Ruthenium und Osmium wären als beständiger einzustufen, neigten diese nicht so stark zur Autoxidation unter Bildung ihrer flüchtigen Tetroxide.

Platin wird auch durch heiße, rauchende Salpetersäure und auch von konzentrierter Salzsäure, dann bei Luftzutritt, stark korrodiert. Heiße Salzschmelzen wie

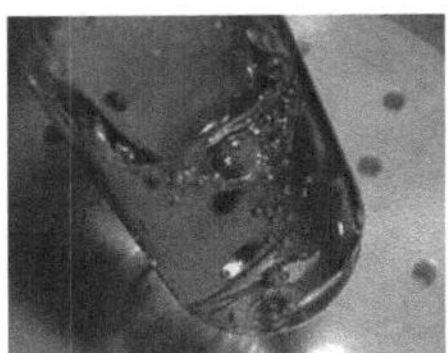

Abb. 5.6 Auflösung von Platin in heißem Königswasser. (Wimmer 2011)

Alkalien, Peroxide, Nitrate, Sulfide und Cyanide lösen Platin oft auf, meist unter Bildung von Komplexen. In der Hitze setzt sich Platin auch mit vielen Oxiden um, weswegen zum Schmelzen des Platins das flammenfreie elektrisch-induktive Heizen in aus Zirkonium-IV-oxid bestehenden Formen noch am geeignetsten ist.

In seinen Verbindungen tritt Platin fast immer in den Oxidationsstufen $+2$ und $+4$ auf.

Platin ist, wie auch Palladium, ein vielfach verwendeter Katalysator für Synthesen. Das Metall ist in der Lage, einige Gase wie Wasserstoff und Sauerstoff in aktiviertem, also hoch reaktiven Zustand zu speichern. Auch das Cracken von Rohöl findet unter Verwendung von Platinkatalysatoren statt. Nachteilig ist, dass jene ihre Aktivität schnell infolge der Bildung von Verunreinigungen einbüßen und daher regeneriert werden müssen.

Verbindungen

Verbindungen mit Halogenen: Platin-VI-fluorid (PtF$_6$) ist ein dunkelroter, orthorhombisch kristallisierender Feststoff einer Dichte von ca. 5,2 g/cm^3 (Seppelt et al. 2006), der bei Temperaturen von 61 °C bzw. 69 °C schmilzt bzw. siedet. Sein braunroter Dampf ist bis zu einer Temperatur von 200 °C beständig (Brauer 1975, S. 278). Die Verbindung ist durch Reaktion der Elemente bei ca. 300 °C in einer aus Messing bestehenden Apparatur oder durch thermisches Disproportionieren von Platin-V-fluorid (PtF$_5$) oberhalb einer Temperatur von 130 °C darstellbar. Platin-VI-fluorid wirkt extrem stark oxidierend und oxidiert selbst molekularen Sauerstoff oder Xenon, wobei Pt^{6+} in Pt^{5+} übergeht. Somit konnte Bartlett mittels Platin-VI-fluorid 1962 die erste Edelgasverbindung darstellen (Bartlett und Lohmann 1960).

Platin-V-fluorid (PtF$_5$) ist eine tiefrote, monoklin kristallisierende Verbindung (Mueller und Serafin 1992), die bei Temperaturen von 80 °C bzw. 130 °C schmilzt bzw. zu Platin-IV-fluorid und -VI-fluorid disproportioniert. Man gewinnt es aus den Elementen bei Rotglut oder durch Umsetzung von *Platin-II-chlorid (PtCl$_2$)* mit Fluor bei 350 °C (Brauer 1975, S. 278). Es ist löslich in Brom-III-fluorid und ebenfalls ein äußerst starkes Oxidationsmittel, wenn auch etwas schwächer als Platin-VI-fluorid, denn es oxidiert Wasser zu Sauerstoff.

Platin-IV-chlorid (PtCl$_4$) ist eine rotbraune, orthorhombisch kristallisierende, hygroskopische Verbindung (Blachnik 1998, S. 676), die sich beim Erhitzen auf eine Temperatur von 370 °C unter Bildung von Platin-II-chlorid und Chlor zersetzt. Es ist entweder durch Lösen von Platin in Königswasser und folgendes Verdampfen restlicher Salzsäure oder auch durch Umsetzung von Platin mit Sulfurylchlorid im Vakuum bei 350 °C zugänglich (Brauer 1981, S. 1709). Platin-IV-chlorid ist löslich in Wasser, Ethanol und Diethylether.

Platin-II,IV-chlorid („PtCl$_3$") erzeugt man durch Umsetzung von Platin mit Chlor innerhalb eines Temperaturbereiches von 400–600 °C (Brauer 1981, S. 1710). Der schwarzgrüne, bei ca. 435 °C unter Zersetzung schmelzende Feststoff hexagonal-rhomboedrischer Kristallstruktur ist nur sehr wenig und langsam in kaltem Wasser löslich.

Das grüne *Platin-II-chlorid (PtCl$_2$)* erhält man durch Thermolyse von Platin-IV-chlorid bei Temperaturen von $\geq$360 °C. Die bei 581 °C schmelzende Verbindung liegt bei Raumtemperatur in Form der β-Modifikation vor, die eine Dichte von 6,1 g/cm^3 besitzt und hexagonal kristallisiert. Das schwarzrote α-PtCl$_2$ enthält wahrscheinlich ecken- und kantenverknüpfte PtCl$_4$-Einheiten im Kristallgitter und ist oberhalb von 500 °C stabil (Holleman et al. 2007, S. 1728).

Das dunkelrote bis schwarzviolette *Platin-IV-bromid (PtBr$_4$)* ist sehr leicht löslich in Wasser, Ethanol und Ether. Die Verbindung hat orthorhombische Struktur (Brauer 1981, S. 1713), eine Dichte von 5,69 g/cm^3 und schmilzt bereits bei einer Temperatur von 180 °C unter Zersetzung. Die Herstellung erfolgt durch Auflösen von Platin in konzentrierter Bromwasserstoffsäure bei Gegenwart von Luft und nachfolgendes Erhitzen der dabei entstandenen Platinbromwasserstoffsäure [H$_2$PtBr$_6$] mit Brom. Alternativ geht auch die Reaktion aus den Elementen, die wegen der Zersetzungsgefahr des Platin-IV-bromids aber nur bei nicht sehr hohen Temperaturen durchgeführt werden darf und entsprechend sehr langsam verläuft (Zuckerman 2009).

Platin-II-bromid (PtBr$_2$) ist ein dunkelgrünes bis -braunes Pulver der Dichte 6,65 g/cm3, das bei einer Temperatur von 250 °C schmilzt und durch Thermolyse von Platinbromwasserstoffsäure erhalten wird. Die Verbindung ist unlöslich in Wasser und Ethanol und besitzt hexagonal-rhomboedrische Kristallstruktur (Brauer 1981, S. 1634; Blachnik 1998, S. 674).

Platin-IV-iodid (PtI$_4$) ist ein schwarzer, leicht zersetzlicher und in Wasser nur unter Hydrolyse löslicher Feststoff der Dichte 6,06 g/cm^3 und dem niedrigen Schmelzpunkt von 130 °C. Man kennt insgesamt drei Modifikationen, von denen die beiden stabileren orthorhombische und kubische Kristallstruktur aufweisen. Die Darstellung erfolgt durch Überleiten überschüssigen Ioddampfes über erhitztes Platin in Gegenwart von Kaliumiodid oder durch Auflösen von Platin in konzentrierter Iodwasserstoffsäure (Brauer 1981, S. 1715). Weitgehend ohne Zersetzung löst sich die Substanz in Ethanol, Aceton und flüssigem Ammoniak. Erhitzen von Platin-IV-iodid – über die Temperatur des Schmelzpunktes hinaus – führt zur Abspaltung von Iod und Bildung niederer Platiniodide.

Das schwarze *Platin-II-iodid (PtI$_2$)* schmilzt bei 325 °C und wird durch Umsetzung von Platin mit Iod bei Temperaturen um 400 °C dargestellt, wobei sich die kubisch kristallisierende Modifikation bildet. Erhitzen von Kaliumhexaiodoplatinat-IV mit Wasserdampf bei 240 °C liefert die monoklin kristallisierende Modifikation (Brauer 1981, S. 1716).

Verbindungen mit Chalkogenen: Das schwarze bis violette *Platin-II-oxid (PtO)* hat eine Dichte von 14,9 g/cm^3 und ist durch Erhitzen von Platin in einer unter Druck befindlichen Sauerstoffatmosphäre auf eine Temperatur von 430 °C erhältlich. Vorsichtiges Erhitzen von Platin-II-hydroxid im Vakuum liefert ebenfalls Platin-II-oxid (Cotton 1997, S. 725), allerdings besteht hierbei stets die Gefahr der Abspaltung von Sauerstoff. Oberhalb von 950 °C zerfällt die Verbindung wieder zu Platin und Sauerstoff.

Im Kristallgitter liegen kantenverknüpfte PtO$_4$-Einheiten planar-quadratischer Struktur vor, die zu Bändern aneinandergereiht sind. Platin-II-oxid ist in Säuren mit Ausnahme von Königswasser nicht löslich. Es wird selbst durch Wasserstoff leicht wieder zu Platin reduziert (Holleman et al. 2007, S. 1732).

Platin-IV-oxid (PtO$_2$) ist ebenfalls ein schwarzer Feststoff, der beim Erhitzen auf Temperaturen von 450 °C Sauerstoff abspaltet und in Platin-II-oxid übergeht. Die Verbindung hat die Dichte 11,8 g/cm^3 und eine trigonale Kristallstruktur vom Cadmiumiodid-Typ (D'Ans und Lax 1997, S. 678). Man erzeugt es durch Eintragen von Hexachloroplatin-IV-säure oder ihren Alkalisalzen in geschmolzenes Natriumnitrat:

$$H_2PtCl_6 \ + \ 6\,NaNO_3 \ \rightarrow \ PtO_2 \ + \ 4\,NO_2 \ + \ 6\,NaCl \ + \ 2\,HNO_3$$

$$2\,PtO_2 \ \xrightarrow[-O_2]{450\,°C} \ PtO \ \xrightarrow[-O_2]{950\,°C} \ Pt$$

Eingesetzt wird Platindioxid-Hydrat als Katalysator für Hydrierungen.

Platin-II-sulfid (PtS) ist ein grünes, durch Erhitzen von Platinschwamm mit Schwefel in stöchiometrischer Mischung (Molverhältnis 1:1) darstellbares Pulver tetragonaler Kristallstruktur und der Dichte 10,3 g/cm^3. In der Natur kommt es vereinzelt als graues Mineral Cooperit vor (Holleman et al. 2007, S. 1734). Es ist weder löslich in Säuren noch in Alkalien. Oxidativ ist es nur durch Glühen mit Kaliumchlorat oder -nitrat aufschließbar.

Platin-IV-sulfid (PtS$_2$) ist ein grauschwarzer Feststoff der Dichte 7,9 g/cm^3, der im Temperaturbereich von 225–250 °C unter Zersetzung schmilzt. Auch diese Verbindung ist durch Umsetzung stöchiometrischer Mengen von Platin und Schwefel herstellbar (Brauer 1981, S. 1720) und ebenfalls so gut wie unlöslich in Säuren und Laugen. Platin-IV-sulfid schmiert, wenn man es zerreibt, ähnlich wie Graphit oder Molybdän-IV-sulfid.

Platinsilicid: Das halbleitende *Platinsilicid (PtSi)* ist ein grauweißer, orthorhombisch in der Manganphosphid-Struktur kristallisierender Feststoff (Addison

1974, S. 425; Klepeis et al. 2001; Pietsch et al. 2013) der Dichte 12,4 g/cm^3, der bei einer Temperatur von 1229 °C schmilzt und durch Umsetzung von Platin mit Silicium oder Silicium-IV-oxid gewonnen werden kann (Rochow 2013, S. 1361). Daher darf man Silicium bzw. Quarz nie in Platintiegeln schmelzen, da jene dadurch zerstört werden (Hofmann 2013, S. 380).

Die Substanz dient als Material für Infrarotdetektoren, Infrarotkameras (Wallrabe 2013; Beyerer et al. 2012), Schottky-Dioden (Schaumburg 2013) und für Kontakte elektronischer Schaltkreise (Schlachetzky und Von Münch 2013). Weitere, ebenfalls die Eigenschaften eines Halbleiters zeigende Platinsilicide sind die gut charakterisierten Verbindungen *Diplatinsilicid (Pt₂Si) und Platindisilicid (PtSi₂)*. Alle Platinsilicide sind auch wegen ihrer Beständigkeit gegenüber chemischen Einflüssen seit längerem Gegenstand intensiver Forschung (Einspruch und Larrabee 2014; Fryera und Ladb 2016; Tanner und Okamoto 1991).

Sonstige Verbindungen: Mit stark elektropositiven Metallen wie Barium bildet Platin *Bariumplatinide (BaPt, Ba₃Pt)* (Jansen et al. 2006), in denen Platin anionisch auftritt. Diese Verbindungen metallischer Leitfähigkeit werden unter anderem und zusammen mit anderen Verbindungen zur Elektronenemission in Glühkathoden von Elektronenröhren eingesetzt (Buxbaum 1987). Der elektronegative Charakter der Platinatome wurde eingehend untersucht und auf Grundlage relativistischer Berechnungen bestätigt (Jansen et al. 2004, 2006; Jansen 2005); die Platinatome haben in diesen Verbindungen aber noch keinen vollständig anionischen Charakter. Dies ist im Fall des *Cäsiumplatinids (Cs₂Pt)*, einer dunkelroten, kristallinen Verbindung jedoch gegeben (Jansen et al. 2003). Im Oktober 2016 wurde über ein Doppelsalz, das kirschrote *Cäsiumplatinidhydrid (Cs₉Pt₄H)*, berichtet, das diskrete Pt^{2-}-Anionen enthält und somit ein Maximum an Ladungstrennung aufweist (Smetana und Mudring 2016).

Nach erfolgter elektrochemischer Reduktion bildet Platin auf seiner Oberfläche ebenfalls Anionen aus. Ein Grund für dieses für Metalle sehr ungewöhnliche Verhalten sieht man in der relativistischen Stabilisierung der 6s-Orbitale (Ghilane et al. 2007).

Die Moleküle des kommerziell erhältlichen Dichloro(cycloocta-1,5-dien)platin-II spalten leicht 1,5-Cyclooctadien-Liganden ab, sodass man ausgehend von dieser Verbindung sehr gut organische Platinchemie betreiben kann (Han et al. 2007). Cisplatin (cis-Diammindichloroplatin-II) war der erste planar-quadratisch koordinierte Platinkomplex, der imstande ist, die menschliche DNA zu vernetzen und Krebszellen somit abzutöten, weswegen er als Chemotherapeutikum mit gutem Erfolg eingesetzt wurde und wird, auch wenn sein Einsatz mit zahlreichen Nebenwirkungen (Übelkeit, Haarausfall, Tinnitus, Teilverlust des Hörvermögens und Nierenschäden) verbunden sein kann (Richards und Rodger 2007;

Carinder et al. 2014; Taguchi et al. 2005). Generell sind Platinkomplexe weithin Forschungsgegenstand (Ahrens und Strassner 2006).

Anwendungen
Von den 218 t Platin, die 2014 verkauft wurden, gingen 98 t in Abgaskatalysatoren für Automotoren, nahezu 75 t in die Herstellung von Schmuck, 20 t in Form von Katalysatoren in die chemische Industrie und zur Raffination von Erdöl und rund 6 t in die Elektronikindustrie. Die restlichen ca. 28,5 t teilten sich auf viele unterschiedliche Anwendungsfelder auf, wie beispielsweise Medizintechnik, Elektroden, Chemotherapeutika, Zündkerzen, Sauerstoffsensoren und Turbinen.

Ertl untersuchte eingehend die katalytische Wirkung von Platin auf die Oxidation von Kohlenmonoxid und erhielt dafür 2007 den Nobelpreis. Platin wird besonders häufig in verschiedenen Katalysatoren verwendet (Seymour und O'Farrelly 2001), meist in fein verteilter Form (Schwamm). Seine wichtigste Anwendung ist die in Abgaskatalysatoren, bei denen es dafür sorgt, dass restliche, im Abgas vorhandene Kohlenwasserstoffe noch zu Kohlendioxid und Wasser verbrannt werden. Bei der Raffination von Erdöl ist es im Reforming-Prozess für die Umwandlung von Schweröl in hochoktanige Benzine mit relativ hohem Gehalt an Aromaten unverzichtbar. Platin-IV-oxid (Adam-Katalysator) ist dagegen ein Beschleuniger für Hydrierungen, vor allem von Pflanzenölen. Platin katalysiert stark die Zersetzung von Wasserstoffperoxid, weshalb es oft in Brennstoffzellen eingebaut wird (Laramie und Dicks 2003) und überträgt in seiner Funktion als Katalysator unter anderem sehr schnell Elektronen auf Sauerstoffatome, die so reduziert werden (Wang et al. 2008).

Von 1889 bis 1960 diente ein aus Platin und Iridium im Verhältnis von 90:10 bestehender Stab als Maß für den in Paris aufbewahrten Urmeterstab. Auch das Urkilogramm besteht nach wie vor als Maß und aus derselben Legierung (Gupta 2010). Auch die Standardwasserstoffelektrode ist aus Platin gefertigt (Feltham und Spiro 1971).

Platin verwendet man oft zur Herstellung von Uhren und Schmuck, da es nie anläuft oder Abnutzungserscheinungen zeigt. Der Preis für Platin unterliegt stärkeren Schwankungen als der des Goldes. Oft liegt der Preis in guten wirtschaftlicher Zeiten deutlich höher als der des Goldes, wogegen er in Krisenzeiten wegen mangelnder Industrieproduktion stark sinkt.

Platindraht dient zur Produktion von Elektroden, korrosions- und hochtemperaturfesten Laborbehältern wie Tiegeln, medizinischen Instrumenten, Zahnprothesen, Implantaten (Brook 2006) und elektrischen Kontakten. Eine zu rund 75% aus Platin und 25% aus Cobalt bestehende Legierung ist ein ziemlich starker Permanentmagnet (Krebs 1998).

Platin legiert man mit kleinen Anteilen anderer Metalle zwecks besserer Bearbeitbarkeit:

Fasserplatin   96% Platin, 4% Palladium (Schmelzpunkt: 1750 °C, Dichte: 20,8 g/cm^3, Zugfestigkeit: 314 N/mm^2)

Juwelierplatin   96% Platin, 4% Kupfer (Schmelzpunkt: 1730 °C, Dichte: 20,3 g/cm^3, Zugfestigkeit: 363 N/mm^2)

Fasser- und Juwelierplatin finden bevorzugt in der Schmuckindustrie Einsatz. Für die technische und optische Glasschmelze verwendet man, meist in Rührwerken, Legierungen, die zu $\geq 70\%$ aus Platin bestehen:

Pt1Ir (99% Platin, 1% Iridium), **Pt3Ir** (97% Platin, 3% Iridium), **Pt5Rh** (95% Platin, 5% Rhodium, **Pt10Rh** (90% Platin, 10% Rhodium), **Pt20Rh** (80% Platin, 20% Rhodium), **Pt30Rh** (70% Platin, 30% Rhodium), **FKS Pt** (99,8% Platin, 0,2% Zirkonium-IV-oxid), **FKS Pt10Rh** (89.8% Platin, 10% Rhodium, 0,2% Zirkonium-IV-oxid), **ODS Pt** (99,8% Platin, 0,2% Yttriumoxid), **ODS Pt10Rh** (89,8% Platin, 10% Rhodium, 0,2% Yttriumoxid), **ODS Pt20Rh** (79,8% Platin, 20% Rhodium, 0,2% Yttriumoxid).

5.4   Darmstadtium

Symbol:	Ds		
Ordnungszahl:	110		
CAS-Nr.:	54083-77-1		
Aussehen:	----		
Entdecker, Jahr	Hofmann, Armbruster, Münzenberget al. (Deutschland), 1994		
Wichtige Isotope [natürliches Vorkommen (%)]	Halbwertszeit		Zerfallsart, -produkt
$^{279}_{110}$Ds (synthetisch)	0,2 s		$\alpha > {}^{275}_{108}$Hs (10 %) und spontane Kernspaltung (90 %)
$^{281}_{110}$Ds (synthetisch)	11 s		$\alpha > {}^{277}_{108}$Hs (6 %) und spontane Kernspaltung (94 %)
Massenanteil in der Erdhülle (ppm):	-----		
Atommasse (u):	(281)		
Elektronegativität (Pauling ♦ Allred&Rochow ♦ Mulliken)	Keine Angabe.		

Atomradius (berechnet) (pm):	132 *
Van der Waals-Radius (pm):	Keine Angabe
Kovalenter Radius (pm):	128 *
Elektronenkonfiguration:	[Rn] $5f^{14}\,6d^8\,7s^2$
Ionisierungsenergie (kJ / mol), erste ♦ zweite ♦ dritte:	955 ♦ 1891 ♦ 3030 *
Magnetische Volumensuszeptibilität:	Keine Angabe
Magnetismus:	Keine Angabe
Kristallsystem:	Kubisch-raumzentriert*
Elektrische Leitfähigkeit ([A / (V • m)], bei 300 K):	Keine Angabe
Dichte (g / cm^3, bei 293,15 K)	34,8 *
Molares Volumen (m^3 / mol, im festen Zustand):	$8.07 \cdot 10^{-6}$
Wärmeleitfähigkeit [W / (m • K)]:	Keine Angabe
Spezifische Wärme [J / (mol • K)]:	Keine Angabe
Schmelzpunkt (°C ♦ K):	Keine Angabe
Schmelzwärme (kJ / mol)	Keine Angabe
Siedepunkt (°C ♦ K):	Keine Angabe
Verdampfungswärme (kJ / mol):	Keine Angabe

* Geschätzte bzw. berechnete Werte

Geschichte und Darstellung

Die Darstellung des ersten Atoms des Darmstadtiums gelang der Darmstädter Gesellschaft für Schwerionenforschung (GSI) am 9. November 1994 durch die Arbeit der Arbeitsgruppe um Hofmann, Münzenberg und Armbruster. Beschossen wurde ein Bleitarget $\left(^{208}_{82}\text{Pb}\right)$ mit beschleunigten Nickelkernen $\left(^{62}_{28}\text{Ni}\right)$ (Hofmann et al. 1995):

$$^{208}_{82}\text{Pb} + {}^{62}_{28}\text{Ni} \rightarrow {}^{269}_{110}\text{Ds} + {}^{1}_{0}\text{n}$$

Denselben Versuch führte man mit schwereren Nickelkernen $\left(^{64}_{28}\text{Ni}\right)$ durch, wobei insgesamt neun Atome $^{271}_{110}\text{Ds}$ hergestellt wurden, die man durch die beim Zerfall entstehenden Tochterkerne identifizieren konnte (Hofmann 1998):

$$^{208}_{82}\text{Pb} + {}^{64}_{28}\text{Ni} \rightarrow {}^{271}_{110}\text{Ds} + {}^{1}_{0}\text{n}$$

In der zweiten Hälfte der 1980er Jahre versuchte das Team des Gemeinschaftsinstitutes für Kernforschung in Dubna (Sowjetunion) bereits, Kerne des Elements mit der Ordnungszahl 110 herzustellen, aber ohne Erfolg (Barber et al. 1993). Daher erkannte die IUPAC das Team der GSI als Entdecker und erkannte ihm das Recht zur Namensgebung des Elements zu (Karol et al. 2001). Sie folgte damit den eigenen, schon 1979 aufgestellten Empfehlungen für die Namensgebung neu entdeckter Transfermium-Elemente (Chatt 1979). Die GSI entschied sich schließlich, das Element 110 Darmstadtium zu nennen (Corish und Rosenblatt 2003; Griffith 2008).

Vorkommen

Darmstadtium besitzt keine stabilen bzw. natürlich vorkommenden Isotope und ist daher nur auf künstlichem Weg zugänglich. Bisher liegen Berichte über neun verschiedene Isotope des Elementes vor, die beobachtet worden sein und Massenzahlen zwischen 267 und 280 aufweisen sollen. Die meisten von ihnen erleiden aufgrund ihrer hochgradigen Instabilität einen sehr schnellen α-Zerfall (Oganessian et al. 1996; Hofmann et al. 2001), andere sogar eine spontane Kernspaltung. Ein β-Zerfall wurde noch nicht beobachtet.

Eigenschaften

Physikalische Eigenschaften: Alle Isotope des Elements sind äußerst instabil und damit natürlich radioaktiv, wobei die schweren Isotope noch beständiger sind als die leichten. Das schwerste Isotop, $^{281}_{110}$Ds, hat eine für diese Massenzahl lange Halbwertszeit von 11 s (!), aber schon $^{279}_{110}$Ds nur eine von 0,18 s. Die Halbwertszeiten der anderen Isotope sind noch viel kürzer und bewegen sich zwischen 70 ms und 1 μs (!). Auch bei Darmstadtium lagen die Voraussagen darüber, welches Isotop nun welche voraussichtliche Halbwertszeit haben sollte, oft weit neben den später in der Praxis ermittelten Resultaten. Die Mehrheit der Forscher glaubt, mit dem Element der Ordnungszahl 110 bald die sogenannte „Insel der Stabilität" erreicht zu haben, also superschwere Kerne mit relativ sehr viel längerer Halbwertszeit, als sie aufgrund ihrer Masse eigentlich haben sollten (Eichler 2013).

Immerhin konnten neuere Quanten-Tunnel-Berechnungen die experimentell gefundenen Halbwertszeiten für den α-Zerfall aller Isotope des Darmstadtiums bestätigen (Chowdhury et al. 2006; Samanta et al. 2007). Gleichzeitig sagt dieses Modell aber auch voraus, dass das noch unentdeckte Isotop $^{294}_{110}$Ds mit der magischen Zahl von 184 Neutronen die sensationell lange Halbwertszeit eines α-Zerfalls von 311 a (!) haben sollte, das „nicht-magische" Nuklid $^{293}_{110}$Ds jedoch eine von ca. 3500 a (!) (Chowdhury et al. 2008). Man darf also gespannt sein, welche Resultate die kommenden Jahre bringen werden.

Man erwartet, dass Darmstadtium unter Normalbedingungen ein Feststoff kubisch-raumzentrierter Kristallstruktur ist. Es sollte sich um ein Schwermetall der hohen Dichte von ca. 34,8 g/cm^3 handeln. Die äußere Elektronenkonfiguration des Atoms wäre mit 6d^{8}7s^2 wieder regelmäßig, im Gegensatz zu der seines leichteren Homologen Platin mit $5d^9 6s^1$. Dies entspricht einer relativistischen Stabilisierung des $7s^2$-Elektronenpaars; somit wäre das klassische Aufbauprinzip bei den Elementen mit Kernladungszahlen von 104 bis 112 nicht verletzt.

Chemische Eigenschaften: Darmstadtium gehört zur Gruppe der Platinmetalle und ist darin das schwerste Element der Nickelgruppe, wie Berechnungen seiner Ionisierungspotenziale zeigten. In die Voraussage der chemischen Eigenschaften des Elements wurde noch nicht viel investiert. Was man glaubt vorherzusagen, ist daher im Rahmen des Erwarteten: Es sollte ein Edelmetall mit den stabilsten Oxidationszahlen $+6$, $+4$ und $+2$ sein. Erstaunlicherweise soll der Zustand der Oxidationsstufe 0 in wässriger Lösung der beständigste sein (!).

Verbindungen

Es gibt noch keine eindeutigen Ergebnisse, was die Untersuchung möglicher Verbindungen des Darmstadtiums angeht (Düllmann 2012), da die Halbwertszeiten seiner Isotope einfach zu kurz sind. Die einzige Verbindung, die man eventuell wegen ihrer Flüchtigkeit gut nachweisen könnte, wäre das – noch nicht dargestellte – Darmstadtium-VI-fluorid (DsF_6) mit oktaedrischer Symmetrie des Moleküls (Waber und Averill 1974). Die Existenz eines Oktafluorids (DsF_8) erscheint ebenfalls möglich.

Die große Schwierigkeit chemischer Untersuchungen an Transactinoiden ist, dass die Halbwertszeit des untersuchten Isotops mindestens 1 s betragen, und darüber hinaus mindestens ein gleiches Isotop pro Woche produziert werden muss. Die Laufzeit dieser Versuche beträgt teilweise Monate, Trennung und Detektion müssen ständig arbeiten. Die neutronenreicheren und damit stabileren Isotope des Elements können wohl nur indirekt durch α-Zerfall von Kernen des noch schwereren Coperniciums gebildet werden (Oganessian et al. 2004).

Eine Synthese von $^{276}_{110}$Ds bzw. $^{277}_{110}$Ds durch Beschuss von $^{232}_{90}$Th mit $^{48}_{20}$Ca scheint vielleicht möglich, dann aber nur mit geringer Ausbeute (Feng et al. 2009). Zudem ist die Halbwertszeit des $^{277}_{110}$Ds mit 5,7 ms viel zu kurz, somit entfällt auch diese Möglichkeit, die Chemie des Darmstadtiums etwas genauer zu untersuchen.

Literatur

C. C. Addison, *Inorganic Chemistry of the Main-Group Elements* (Royal Society of Chemistry, Cambridge, 1974), S. 425. ISBN 978-0-85186-762-5

R. P. Agarwala, A. P. B. Sinha, Crystal structure of nickel selenide – Ni3Se2. Zeitschrift für anorganische und allgemeine Chemie **289**, 203 (1957)

S. Ahrens, T. Strassner, Detour-free synthesis of platinum-bis-NHC chloride complexes, their structure and catalytic activity in the CH activation of methane. Inorg. Chim. Acta **359**(15), 4789 (2006)

R. Alsfasser et al., *Moderne Anorganische Chemie* (De Gruyter, Berlin, 2007), S. 345. ISBN 978-3-11-019060-5

J. G. Aston, P. Mitacek Jr., Structure of hydrides of palladium. Nature **195**, 70–71 (1962)

Bank SSSR, Foto „25 Rubel-Gedenkmünzen aus Palladium" (1989)

R. C. Barber et al., Discovery of the transfermium elements. Part II: Introduction to discovery profiles. Part III: Discovery profiles of the transfermium elements. Pure Appl. Chem. **65**(8), 1757 (1993)

N. Bartlett, D.H. Lohmann, Two new fluorides of platinum. Proc. Chem. Soc. **14**(3), 14–15 (1960)

J. Beyerer et al., *Automatische Sichtprüfung Grundlagen, Methoden und Praxis der Bildgewinnung und Bildauswertung* (Springer, Heidelberg, 2012), S. 265. ISBN 978-3-642-23965-6

R. Blachnik, *Taschenbuch für Chemiker und Physiker: Bd. III. Elemente anorganische Verbindungen und Materialien Minerale* (Springer, Berlin, 1998). ISBN 978-3-540-60035-3

G. Brauer, *Handbuch der Präparativen Anorganischen Chemie*, Bd. I, 3. Aufl. (Enke Verlag, Stuttgart, 1975). ISBN 978-3-432-02328-6

G. Brauer, *Handbuch der Präparativen Anorganischen Chemie*, Bd. III (Enke Verlag, Stuttgart, 1981). ISBN 978-3-432-87823-0

K. Brendel, Binäre und Ternäre Verbindungen der Platinmetalle Palladium und Rhodium mit Tellur und Halogenen. Präparationen und strukturelle Charakterisierung (Dissertation Universität Freiburg, Institut für Anorganische und Analytische Chemie, 2001)

N. E. Brese et al., Reinvestigation of the structure of PdS. Acta Cryst. C **41**, 1829–1830 (1985)

M. Brook, Platinum in silicone breast implants. Biomaterials **27**(17), 3274–3286 (2006)

© Springer Fachmedien Wiesbaden GmbH 2017

H. Sicius, *Nickelgruppe: Elemente der zehnten Nebengruppe,*
essentials, DOI 10.1007/978-3-658-16808-7

N. B. Brookes et al., Electronic and magnetic structure of bcc nickel. Phys. Rev. B **46**, 237–241 (1992)

J. Bruns et al., Oktaedrische Pd^{2+}-Koordination und ferromagnetische Ordnung in $Pd(S_2O_7)$. Angewandte Chemie **124**(9), 2247–2250 (2012)

C. Buxbaum, Glühkathode mit hohem Emissionsvermögen für eine Elektronenröhre und Verfahren zu deren Herstellung (EP0143222 B1, Brown Boveri Cie. AG, veröffentlicht 11. November 1987)

BXXXD, Foto „Nickel-II-chlorid-Hexahydrat" (2007)

J. A. Carinder et al., *Practical Oncology Protocols* (Mill City Press, Minneapolis, 2014), S. 22. ISBN 978-1-62652-816-1

J. Chatt, Recommendations for the naming of elements of atomic numbers greater than 100. Pure Appl. Chem. **51**(2), 381–384 (1979)

P. R. Chowdhury et al., α decay half-lives of new superheavy elements. Phys. Rev. C **73**, 014612 (2006)

P. R. Chowdhury et al., Nuclear half-lives for α -radioactivity of elements with $100 \leq Z \leq 130$. At. Data Nucl. Data Tables **94**(6), 781 (2008)

P. R. Chowdhury et al., Search for long lived heaviest nuclei beyond the valley of stability. Phys. Rev. C **77**(4), 044603 (2008)

J. Corish, G. M. Rosenblatt, Name and symbol of the element with atomic number 110. Pure Appl. Chem. **75**(10), 1613–1615 (2003)

S. A. Cotton, *The Chemistry of Precious Metals* (Chapman & Hall, London, 1997), S. 173 ff.

S. A. Cotton, *The Chemistry of Precious Metals* (Chapman & Hall, London, 1997), S. 725

T. Dahmen et al., Beiträge zum thermischen Verhalten von Sulfaten. XIV. Zum thermischen Verhalten von $PdSO_4 \cdot 2\ H_2O$ und $PdSO_4 \bullet 0,75\ H_2O$ sowie zur Struktur von M-$PdSO_4$. J. Alloys Compd. **216**, 11–19 (1994)

J. D'Ans, E. Lax, *Taschenbuch für Chemiker und Physiker. 3. Elemente, anorganische Verbindungen und Materialien Minerale*, Bd. 3, 4. Aufl. (Springer, Heidelberg, 1997). ISBN 978-3-540-60035-0

C. E. Düllmann, Superheavy elements at GSI: a broad research program with element 114 in the focus of physics and chemistry. Radiochim. Acta **100**(2), 67–74 (2012)

ECHA, Eintrag 27 im Anhang XVII der EU-Verordnung Nr. 1907/2006 (REACH-Verordnung) (ECHA, Helsinki, 2006)

R. Edwards, Separation of platinum group metals and gold, National Institute for Metallurgy, Johannesburg, South Africa (US3985552, veröffentlicht 1. August 1975)

R. Eichler, First foot prints of chemistry on the shore of the Island of superheavy elements. J. Phys. Conf. Ser., IOP Sci. **420**(1) (2013)

N. G. Einspruch, G. B. Larrabee, *Materials and Process Characterization* (Academic Press, New York, 2014), S. 336. ISBN 978-1-4832-1773-4

J. D. Embury, High-Temperature Oxidation and Sulphidation Processes Proceedings of the International Symposium on High-Temperature Oxidation and Sulphidation Processes, Hamilton, ON, Kanada, 26.–30. August 1990 (Elsevier, Amsterdam,2016), S. 55. ISBN 978-1-4832-8740-9

G. Ertl, Reactions at surfaces: from atoms to complexity (Nobel Lecture). Angew. Chem. Intl. Ed **47**. (19), 385–407 (2007)

A. M. Feltham, M. Spiro, Platinized platinum electrodes. Chem. Rev. **71**(2), 177 (1971)

Z. Feng et al., Production of heavy and superheavy nuclei in massive fusion reactions. Nucl. Phys. A **816**, 33 (2009)

A. Ferrari et al., Refinement of the crystal structure of $NiCl_2$ and of unit-cell parameters of some anhydrous chlorides of divalent metals. Acta Cryst **16**, 846–847 (1963)

M. P. Fewell, The atomic nuclide with the highest mean binding energy. Am. J. Phys. **63**(7), 653–658 (1995)

R. F. Fryera, R. J. Ladb, Synthesis and thermal stability of Pt3Si, Pt2Si and PtSi films grown by e-beam co-evaporation. J. Alloys Compd. **682**, 216–224 (2016)

J. Ghilane et al., Spectroscopic evidence of platinum negative oxidation states at electrochemically reduced surfaces. J. Phys. Chem. C **111**(15), 5701 (2007)

N. N. Greenwood, A. Earnshaw, *Chemie der Elemente*, 1. Aufl. (Wiley-VCH, Weinheim, 1988), S. 1476. ISBN 978-3-527-26169-9

W. P. Griffith, The periodic table and the platinum group metals. Platin. Met. Rev. **52**(2), 114 (2008)

X.-Y. Guo et al., Leaching behavior of metals from limonitic laterite ore by high pressure acid leaching. Trans. Nonferrous Met. Soc. China **21**(1), 191 (2011)

S. V. Gupta, Chapter 4 metre convention and evolution of base units. Springer Series in Mat. Sci. **122**, 47 (2010)

Y. Han et al., Mono- vs Bis(carbene) Complexes: A detailed study on platinum-II-Benzimidazolin-2-ylidenes. Organometallics **26**(18), 4612 (2007)

R. W. Hesse, *Jewelrymaking Through History: An Encyclopedia* (Greenwood Publishing Group, Westport, 2007), S. 155–156. ISBN 978-0-313-33507-9

Hi-Res Images of Chem Elements, Foto "Palladium Kristalle" (2009)

V. Höllein, Palladiumbasierte Kompositmembranen zur Ethylbenzol- und Propan-Dehydrierung (Dissertation, Friedrich-Alexander-Universität, Erlangen-Nürnberg, 2004)

K. A. Hofmann, *Anorganische Chemie* (Springer-Verlag, Heidelberg, 2013), S. 380. ISBN 978-3-663-14240-9

S. Hofmann et al., Production and decay of 269110. Zeitschrift für Physik A **350**(4), 277 (1995)

S. Hofmann, New elements – approaching. Rep. Prog. Phys. **61**(6), 639 (1998)

S. Hofmann et al., The new isotope 270110 and its decay products 266Hs and 262Sg. Eur. Phys. J. A **10**, 5–10 (2001)

A. F. Holleman, E. Wiberg, N. Wiberg, *Lehrbuch der Anorganischen Chemie*, 102. Aufl. (De Gruyter, Berlin, 2007). ISBN 978-3-11-017770-1

C. E. Housecroft, *Inorganic Chemistry* (Pearson Education, Upper Saddle River, 2005), S. 686. ISBN 978-0-13-039913-2

L. B. Hunt, F. M. Lever, F. M., Platinum metals: A survey of productive resources to industrial uses. Platin. Met. Rev. **13**(4), 126–138 (1969)

M. Jansen et al., An experimental proof for negative oxidation states of platinum: ESCA-measurements on barium platinides. Chem. Commun. **8**, 838–840 (2006)

M. Jansen et al., Covalently bonded [Pt]⁻ chains in BaPt: Extension of the Zintl-Klemm concept to anionic transition metals? J. Am. Chem. Soc. **126**, 14123–14128 (2004)

M. Jansen et al., Cs2Pt: A platinide(-II) exhibiting complete charge separation. Angew. Chem. Intl. Ed. **42**(39), 4818 (2003)

M. Jansen, Effects of relativistic motion of electrons on the chemistry of gold and platinum. Solid State Sci. **7**(12), 1464 (2005)

J.-K. Kang, S.-W. Rhee, Chemical vapor deposition of nickel oxide films from Ni(C5H5)2/O2. Thin Solid Films **391**, 57–61 (2001)

P. J. Karol et al., On the discovery of the elements 110–112 (IUPAC Technical Report). Pure Appl. Chem. **73**(6), 959 (2001)

M. Kasper-Sonnenberg et al., Prevalence of nickel sensitization and urinary nickel content of children are increased by nickel in ambient air. Environ. Res.**111**(2), 266–273 (2011)

G. B. Kauffman et al., Recovery of Platinum from Laboratory Residues. Inorg. Synth. Inorg. Synth. **7**, 232 (1963)

G. B. Kauffman et al., Ammonium Hexachloroplatinate(IV). Inorg. Synth. **9**, 182–185 (1967)

G. Kickelbick, *Chemie für Ingenieure* (Pearson Education Deutschland, Hallbergmoos, 2008). ISBN 978-3-8273-7267-3

J. E. Klepeis et al., Chemical bonding, elasticity, and valence force field models: A case study for and PtSi. Phys. Rev. B **64**, 155110 (2001)

R. E. Krebs, *Platinum, The History and Use of our Earth's Chemical Elements* (Greenwood Publishing, Westport, 1998), S. 124–127. ISBN 978-0-313-30123-9

M. Kutz, *Handbook of Environmental Degradation of Materials* (William Andrew & Elsevier, Amsterdam, 2013), S. 139. ISBN 978-0-08-094707-7

B. A. Lange, H. M. Haendler, The thermal decomposition of nickel and zinc fluoride tetrahydrates. J. Inorg. Nucl. Chem. **35**(9), 3129–3133 (1973)

J. Laramie, A. Dicks, *Fuel Cell System Explained* (Wiley, New York, 2003). ISBN 978-0-470-84857-X

K.-H. Lautenschläger et al., *Taschenbuch der Chemie*, 18. Aufl. (Harri Deutsch-Verlag, Frankfurt a. M., 2001). ISBN 978-3-8171-1655-3

V. B. Lazarev et al., Preparation of palladium dioxide at high pressure. Zhurnal Neorganicheskoi Khimii **23**(4), 884–887 (1978)

M. Lechner, Nickel in Bedarfsgegenständen (Bayerisches Landesamt für Gesundheit und Lebensmittelsicherheit, 31. März 2016)

J. Li, G. W. Gribble, *Palladium in Heterocyclic Chemistry: A Guide for the Synthetic Chemist* (Elsevier, Amsterdam, 2007). ISBN 978-0-08-045117-6

O. Mangl, Foto "Nickel-II-bromid-Hexahydrat" (2007)

Materialscientist, Foto "Palladium-II-chlorid" (2011)

D. McDonalD, L. B. Hunt, *A History of Platinum and its Allied Metals* (Royston, Johnson Matthey Plc., 1982), S. 7–8. ISBN 978-0-905118-83-9

W. F. McDonough, Compositional Model for the Earth's Core, in *The mantle and core treatise on geochemistry*, Bd. 3, Aufl. von R.W. Carlson (Elsevier, Amsterdam, 2014), S. 559–577

C. McGuire, E. Chernyshova, Life in the freezer: Inside the northernmost city on Earth whose residents endure −55°C temperatures and two months of total darkness every year, Dailymail (London, 26. Januar 2016)

R. J. Meyer, *Nickel Teil B - Lieferung 2. Verbindungen bis Nickel-Polonium* (Springer, Heidelberg, 2013). ISBN 978-3-662-13302-6

H. S. Min, Metal selenide semiconductor thin films: A review. Int. J. Chem. Tech. Res. **9**(3), 390–395 (2016)

J. Mizuno, The crystal structure of nickel chloride hexahydrate, $NiCl_2 \cdot 6\,H_2O$. J. Phys. Soc. Jpn. **16**(8), 1574 (1961)

L. Moser, K. Atynski, Die Darstellung von Seleniden aus Selenwasserstoff und Metallsalzlösungen. Monatshefte für Chemie **45**, 235 (1925)

G. M. Mudd, *Nickel Sulfide Versus Laterite: The Hard Sustainability Challenge Remains*, Proc. "48th Annual Conference of Metallurgists (Canadian Metallurgical Society, Sudbury, 2009)

B. G. Mueller, M. Serafin, Single-crystal investigations on platinum tetrafluoride and pentafluoride. Eur. J. Solid State Inorg. Chem. **29**(4–5), 625–633 (1992)

D. Nicholls, *The chemistry of iron, cobalt and nickel comprehensive inorganic chemistry* (Elsevier, Amsterdam, 2013), S. 1127. ISBN 978-1-4831-4643-0

Y. T. Oganessian et al., α decay of 273110: Shell closure at N = 162. Phys. Rev. C. **54**(2), 620 (1996)

Y. T. Oganessian et al., Measurements of cross sections for the fusion-evaporation reactions 244Pu(48Ca, xn)292–x114 and 245Cm(48Ca, xn)293–x116. Phys. Rev. C **69**(5), 054607(2004)

P. Patnaik, *Handbook of inorganic chemicals* (McGraw-Hill, New York, 2003), S. 621–623. ISBN 978-0-07-049439-8

Periodictableru, Foto "Platin Kristalle" (2010)

D. L. Perry, *Handbook of Inorganic Compounds*, 2. Aufl. (CRC Press, Boca Raton, 2011), p. 289. ISBN 978-1-4398-1462-8

E. Pietsch et al., *Platin Teil C · Lieferung 1. Verbindungen bis Platin und Wismut* (Springer, Heidelberg, 2013), S. 131. ISBN 978-3-662-13310-1

Y. K. Rao, *Stoichiometry and Thermodynamics of Metallurgical Processes* (Cambridge University Press, Cambridge, 1985), S. 635. ISBN 978-0-521-25856-1

G. Rau, R. Ströbel, *Die Metalle Werkstoffkunde mit ihren chemischen und physikalischen Grundlagen* (Merkur Verlag, München, 1999), S. 66. ISBN 978-3-929360-44-6

R. Rausch, Foto "Nickel, Kugeln" (2010)

A. D. Richards, A. Rodger, Synthetic metallomolecules as agents for the control of DNA structure. Chem. Soc. Rev. **36**(3), 471–483 (2007)

E. G. Rochow, *The chemistry of silicon Pergamon International Library of Science, Technology, Engineering and Social Studies* (Elsevier, Amsterdam, 2013), S. 1361. ISBN 978-1-4831-8755-6

C. Samanta et al., Predictions of alpha decay half lives of heavy and superheavy elements. Nucl. Phys. A. **789**, 142–154 (2007)

H. Schaumburg, *Sensoren* (Springer, Heidelberg, 2013), S. 361. ISBN 978-3-322-99927-6

A. Schlachetzki, W. von Münch, *Integrierte Schaltungen* (Springer, Heidelberg, 2013), S. 38. ISBN 978-3-322-94919-6

A. Schnuch et al., Epidemiology of contact allergy. An estimation of morbidity employing the clinical epidemiology and drug-utilization research (CE-DUR) approach. Contact Dermatitis **47**(1), 32–39 (2002)

H. Schröcke, K.-L. Weiner, *Mineralogie* (De Gruyter, Berlin, 1981), S. 141. ISBN 978-3-11-006823-0

E. Schweda, *Jander/Blasius: Anorganische Chemie II – Quantitative Analyse & Präparate*, 16. Aufl. (Hirzel Verlag, Stuttgart, 2012), S. 87. ISBN 978-3-7776-2133-3

A. E. Schweizer, G. T. Kerr, Thermal decomposition of hexachloroplatinic acid. Inorg. Chem. **17**(8), 2326–2327 (1978)

K. Seppelt et al., Solid state molecular structures of transition metal hexafluorides. Inorg. Chem. **45**(9), 3782–3788 (2006)

R. J. Seymour, J. I. O'Farrelly, Platinum-group metals (Kirk Othmer Encyclopedia of Chemical Technology, Wiley-VCH, Weinheim, 2001)

H. Sicius, Foto "Nickel, Pulver". (2016)

H. Sicius, Foto "Platin, Folie". (2016)

G. Singh, *Chemistry of Lanthanides And Actinides* (Discovery Publishing House, New Delhi, 2007), S. 237. ISBN 978-81-8356-241-8

P. P. Singh, A. Y. Junnarkar, Behavioural and toxic profile of some essential trace metal salts in mice and rats. Ind. J. Pharmacol. **23**(3), 153 (1991)

V. Smetana, A.-V. Mudring, Angew. Chem. Intl. Ed **128**(45), 13905–13918 (2016)

A. Sobhani, M. Salavati-Niasari, Synthesis and characterization of a nickel selenide series via a hydrothermal process. Superlattices and Microstructures **65**, 79–90 (2014)

F. Softyx "Nickel-II-chlorid, wasserfrei" (2012)

J. Strutz et al., *Praxis der HNO-Heilkunde, Kopf- und Halschirurgie* (Thieme Verlag, Stuttgart, 2001), S. 386. ISBN 978-3-13-116971-0

T. Taguchi et al., Cisplatin-Associated nephrotoxicity and pathological events. Contrib. Nephrol. **148**, 107–121 (2005)

L. E. Tanner, H. Okamoto, The Pt-Si (Platinum-Silicon) system. J. Phase Equilib. **12**(1991), 571 (1991)

J. M. Tarascon et al., In situ structural and electrochemical study of $Ni_{1-x}Co_xO_2$ metastable oxides prepared by soft chemistry. J. Solid State Chem. **147**(1), 410–420 (1999)

J. Tsuji, *Palladium Reagents and Catalysts: New Perspectives for the 21st Century* (Wiley, New York, 2006), S. 344. ISBN 978-0-470-02119-5

N. Umeyama et al., Synthesis and magnetic properties of NiSe, NiTe, CoSe, and CoTe. Jpn. J. Appl. Phys. **51**, 053001 (2012)

M. M. Vezes, Sur les sels complexes de palladium: palladoxalate. Bull. Soc. Chim. **21**(3), 172 (1899)

Y. Vuorelainen et al., Sederholmite, Wilkmanite, Kullerudite, Makinenite and Trustedtite, five new nickel selenide minerals. Bulletin de la commission géologique de Finlande **215**, 114–125 (1964)

J. F. Waber, F. W. Averill, Molecular orbitals of PtF6 and E110 F6 calculated by the self-consistent multiple scattering $X\alpha$ method. J. Chem. Phys. **60**(11), 4460–4470 (1974)

A. Wallrabe, *Nachtsichttechnik Infrarot-Sensorik: physikalische Grundlagen, Aufbau, Konstruktion und Anwendung von Wärmebildgeräten* (Springer, Heidelberg, 2013), S. 459. ISBN 978-3-663-08100-5

C. Wang et al., A general approach to the size- and shape-controlled synthesis of platinum nanoparticles and their catalytic reduction of oxygen. Angew. Chem. Intl. Ed. **47**(19), 3588–3591 (2008)

W. Watson, W. Brownrigg, Several Papers concerning a New Semi-Metal, Called Platina; Communicated to the Royal Society. Phil. Trans. **46**(491–496), 584–596 (1749)

M. E. Weeks, Discovery of the elements, 7. Aufl. (Journal of Chemical Education, American Chemical Society, Washington, 1968), S. 385–407.ISBN 978-0-8486-8579-2

A. F. Wells, *Structural Inorganic Chemistry* (Oxford Press, Oxford, 1984)

A. Wimmer, Foto "Auflösung von Platin in heißem Königswasser" (2011)

L. Wöhler, J. König, Die Oxyde des Palladiums. Zeitschr. f. Anorg. Chem. **47**, 323 (1905)

W. H. Wollaston, On a New Metal, Found in Crude Platina. Phil. Trans. R. Soc. Lond. **94**, 419–430 (1804)

W. H. Wollaston, On the discovery of palladium; With observations on other substances found with Platina. Phil. Trans. R. Soc. Lon. **95**, 316–330 (1805)

J. Wood, *Reactivity of solids* (Springer Science & Business Media, Dordrecht, 2013), S. 115. ISBN 978-1-4684-2340-2

Z. Xiao, A.R. Laplante, Characterizing and recovering the platinum group minerals – a review. Miner. Eng. **17**(9–10), 961–979 (2004)

H. T. Zhang et al., Hydrothermal synthesis and characterization of NiTe alloy nanocrystallites. J. Cryst. Growth **242**, 259 (2002)

Y. Zhu et al., Curie temperature of body-centered-tetragonal Ni. J. Magn. Magn. Mater **310**(2), e301–e303 (2007)

J. J. Zuckerman, *Inorganic Reactions and Methods, The Formation of Bonds to Halogens* (Wiley, New York, 2009), S. 174. ISBN 978-0-470-14539-0

}essentials{

„Eine Reise durch das Periodensystem" von Hermann Sicius

Kompaktes Fachwissen über die chemischen Elemente, ihr Vorkommen, die gängigsten Herstellverfahren, ihre wichtigsten Eigenschaften und interessantesten Einsatzgebiete. Lernen Sie das Periodensystem der Elemente so gut kennen, dass Sie keine Wissenslücken mehr haben und überall mitreden können!

Wasserstoff und Alkalimetalle: Elemente der ersten Hauptgruppe
2016. Print: ISBN 978-3-658-12267-6   eBook: ISBN 978-3-658-12268-3

Erdalkalimetalle: Elemente der zweiten Hauptgruppe
2016. Print: ISBN 978-3-658-11877-8   eBook: ISBN 978-3-658-11878-5

Erdmetalle: Elemente der dritten Hauptgruppe
2016. Print: ISBN 978-3-658-11443-5   eBook: ISBN 978-3-658-11444-2

Kohlenstoffgruppe: Elemente der vierten Hauptgruppe
2016. Print: ISBN 978-3-658-11165-6   eBook: ISBN 978-3-658-11166-3

Pnictogene: Elemente der fünften Hauptgruppe
2015. Print: ISBN 978-3-658-10803-8   eBook: ISBN 978-3-658-10804-5

Chalkogene: Elemente der sechsten Hauptgruppe
2015. Print: ISBN 978-3-658-10521-1   eBook: ISBN 978-3-658-10522-8

Halogene: Elemente der siebten Hauptgruppe
2015. Print: ISBN 978-3-658-10189-3   eBook: ISBN 978-3-658-10190-9

Edelgase
2015. Print: ISBN 978-3-658-09814-8   eBook: ISBN 978-3-658-09815-5

Printpreis **9,99 €** | eBook-Preis **4,99 €**

Springer Spektrum

Änderungen vorbehalten. Stand November 2016. Erhältlich im Buchhandel oder beim Verlag.
Abraham-Lincoln-Str. 46 . 65189 Wiesbaden . www.springer.com/essentials

}essentials{

„Eine Reise durch das Periodensystem" von Hermann Sicius

Kompaktes Fachwissen über die chemischen Elemente, ihr Vorkommen, die gängigsten Herstellverfahren, ihre wichtigsten Eigenschaften und interessantesten Einsatzgebiete. Lernen Sie das Periodensystem der Elemente so gut kennen, dass Sie keine Wissenslücken mehr haben und überall mitreden können!

Seltenerdmetalle: Lanthanoide und dritte Nebengruppe
2015. Print: ISBN 978-3-658-09839-1   eBook: ISBN 978-3-658-09840-7

Titangruppe: Elemente der vierten Nebengruppe
2015. Print: ISBN 978-3-658-12639-1   eBook: ISBN 978-3-658-12640-7

Vanadiumgruppe: Elemente der fünften Nebengruppe
2016. Print: ISBN 978-3-658-13370-2   eBook: ISBN 978-3-658-13371-9

Chromgruppe: Elemente der sechsten Nebengruppe
2016. Print: ISBN 978-3-658-13542-3   eBook: ISBN 978-3-658-13543-0

Mangangruppe: Elemente der siebten Nebengruppe
2016. Print: ISBN 978-3-658-14791-4   eBook: ISBN 978-3-658-14792-1

Eisengruppe: Elemente der achten Nebengruppe
2017. Print: ISBN 978-3-658-15560-5   eBook: ISBN 978-3-658-15561-2

Cobaltgruppe: Elemente der neunten Nebengruppe
2017. Print: ISBN 978-3-658-16345-7   eBook: ISBN 978-3-658-16346-4

Nickelgruppe: Elemente der zehnten Nebengruppe
Erscheint 2017.

Radioaktive Elemente: Actinoide
2015. Print: ISBN 978-3-658-09828-5   eBook: ISBN 978-3-658-09829-2

Printpreis **9,99 €** | eBook-Preis **4,99 €**

Springer Spektrum

Änderungen vorbehalten. Stand November 2016. Erhältlich im Buchhandel oder beim Verlag.
Abraham-Lincoln-Str. 46 . 65189 Wiesbaden . www.springer.com/essentials